21 世纪全国高等院校艺术设计系列实用规划教材

效果图设计制作

主　编　范旺辉

副主编　邓　凯

北京大学出版社

PEKING UNIVERSITY PRESS

内 容 简 介

本书是根据编者多年的教学与实际工作经验编写而成的,书中案例以及知识点均来自编者的实际操作。本书案例均为目前最广为应用的设计案例,并根据课程的实际情况案例内容逐步深入。本书内容详略得当,结构清晰,系统讲授了建筑建模的常用技巧与方法、VRay 渲染器的知识,包括 VRay 的材质、灯光、相机等知识点;还系统讲授了真实世界中的光影在 3D 中如何表现,包括室内、室外、日景、夜景、鸟瞰等的效果图以及后期处理技巧。同时,也融入了美学知识,从而增加了效果图的整体艺术感染力。

本书可作为高等院校环境艺术设计、室内设计等相关专业的教材,也可作为从事建筑设计、室内设计的相关从业人员和爱好者的自学参考用书。

图书在版编目(CIP)数据

效果图设计制作/范旺辉主编. —北京:北京大学出版社,2011.9
(21 世纪全国高等院校艺术设计系列实用规划教材)
ISBN 978-7-301-18996-2

Ⅰ. ①效… Ⅱ. ①范… Ⅲ. ①建筑设计—计算机辅助设计—高等学校—教材 Ⅳ. ①TU201.4

中国版本图书馆 CIP 数据核字(2011)第 111218 号

书　　　　名:效果图设计制作
著作责任者:范旺辉　主编
策 划 编 辑:孙　明
责 任 编 辑:翟　源
标 准 书 号:ISBN 978-7-301-18996-2/J·0380
出 　版 　者:北京大学出版社
地　　　　址:北京市海淀区成府路 205 号　100871
网　　　　址:http://www.pup.cn　http://www.pup6.com
电　　　　话:邮购部 62752015　发行部 62750672　编辑部 62750667　出版部 62754962
电 子 邮 箱:pup_6@163.com
印 　刷 　者:三河市北燕印装有限公司
发 　行 　者:北京大学出版社
经 　销 　者:新华书店
　　　　　　787mm×1092mm　16 开本　20.5 印张　482 千字
　　　　　　2011 年 9 月第 1 版　2011 年 9 月第 1 次印刷
定　　　　价:45.00 元(含 1DVD)

前　言

本书由具有多年实践和大学教学经验的一线教师精心策划、编写而成，结构严谨、讲解细腻，秉承"授人以鱼，不如授之以渔"的理念，将室内、外效果图的制作技术与方法完美地传达给了广大读者。

全书共分 15 章，第 1 章至第 5 章介绍效果图的简要情况和室内、外模型的制作，以案例的方式讲解常用的模型制作技术；第 6 章至第 9 章详细讲述材质和灯光的设置技巧；在第 10 章特意安排了一个效果图的美学知识环节，为后面的综合案例打好理论基础；第 11 章至第 15 章为综合案例，详细讲述室内、室外，日景、夜景及鸟瞰效果图的制作方法，将室内外渲染表现的流程、方法与技术细节分解得淋漓尽致。

本书结构清晰、内容丰富，适合从事室内外装饰设计与效果图表现工作的初、中级读者阅读。全书内容如下。

第 1 章　建筑效果图制作概述：本章主要介绍建筑表现行业的简要发展史及制作室内外建筑效果图的基本知识，让读者对建筑效果图的制作有一个总体的认识。1 学时。

第 2 章　常见的空间尺寸和家具尺寸：本章主要介绍常见的空间尺寸及家具尺寸，为在软件中建立实际尺寸大小的物体模型打下基础，同时介绍了在 3ds Max 软件和 SketchUp 软件中设置单位的方法。1 学时。

第 3 章　建筑建模基础及参数化物体的创建：本章主要介绍建筑建模的一些基础知识，包括 3ds Max 的基础设置和通过参数来建立常用模型的方法。4 学时。

第 4 章　室内建模应用：本章主要讲解在 3ds Max 中如何导入 CAD 图纸并建立框架模型的方法。家具模型的制作方法很多，主要讲述的有二维线建模、多边形建模、动力学建模等方法。8 学时。

第 5 章　室外建模应用：本章主要通过两个实例分别讲解用 SketchUp 建立墙体框架模型和高层建筑模型的方法。为了让读者能尽快熟悉 SketchUp 的操作，使用了大量的视频来帮助读者学习，这些视频已制作成光盘，随书赠送。8 学时。

第 6 章　材质设置基础：本章主要讲解材质的基本概念，材质编辑器的基本使用及材质的基本属性调整方法，贴图的作用，影响材质效果的重要因素等知识。4 学时。

第 7 章　常用贴图的调整：本章详细讲解各种贴图坐标的原理和常用的贴图调整技巧，并讲解了主要的贴图类型，有位图、棋盘格、衰减、噪波。4 学时。

第 8 章　创建最优化的材质：本章第一小节对 VRayMtl 材质的各个参数进行详细讲解。第二小节讲解用 VRay 渲染器进行渲染时常用的其他材质类型。对于做效果图时常用材质的设置方法在第三小节做讲解。8 学时。

第 9 章　灯光设置：介绍现实世界中的灯光现象，详细讲述了标准灯光、光度学灯光和 VRay 灯光的设置方法。8 学时。

第 10 章　效果图的美学知识：本章认真地研究了构成艺术与建筑表现图的关系及其在建

筑表现图制作中的作用。2 学时。

第 11 章　温馨卧室(日景、夜景)：本章通过一个卧室场景的日景和夜景的效果表现，学习如何统筹布光。在所附的光盘视频中，有对场景中每一类物体的材质设定所做的详细介绍。12 学时。

第 12 章　清晨客厅：本章讲解的是一个清晨客厅的效果表现，详细地讲述了特定时刻的灯光设置方法，运用 VRay 灯光中的球形光米模拟太阳，很好地表现出清晨光线的柔和效果。8 学时。

第 13 章　建筑夜景：本章讲解的是一座综合楼多层建筑的夜景效果表现，重点分析夜景的光线分布情况，以及如何用环境的设置和灯光的参数来表现夜景气氛，学习如何运用 VRayHDRI 来进行环境的照明。4 学时。

第 14 章　建筑日景：本章讲解的是一座高层建筑的日景效果表现，从 SketchUp 中整理导出模型开始，到模型的渲染，到后期处理的步骤都做了详细介绍，重点分析日景的光线分布情况，以及灯光阵列的布光技术。4 学时。

第 15 章　鸟瞰效果图的制作：本章详细讲解鸟瞰效果图的制作流程，鸟瞰效果图是一种常用的效果图类型，多用于表现园区环境、规划方案、建筑布局等内容。4 学时。

另外，本书附带光盘内容包括教学视频、场景模型、成品图、贴图和电子课件等教学资源。

本书由范旺辉担任主编，由邓凯担任副主编。

本书的编写虽然力图贯彻科学性、应用性和可读性等原则，但受个人能力的局限，书中难免有疏漏之处，恳请各位读者批评指正。

编　者

2011 年 6 月

目　　录

第1章 建筑效果图制作概述

本章主要介绍建筑表现行业的简要发展史及制作室内外建筑效果图的基本知识，让读者在学习实例制作之前，对建筑效果图的制作有一个总体的认识。

本章重点：

1. 了解建筑表现行业的发展历史

2. 了解建筑表现行业的发展前景

3. 了解建筑效果图的制作流程以及现代室内与家具材料的发展特点

1.1 行业概述

　　建筑的最初功能在于满足人类避风遮雨以及寻求舒适生活的基本需要,不同的文化衍生出不同的建筑种类,起初是由于不同的气候条件,继而是不同的宗教信仰和经济体系,人们通过使用当地最容易得到的建筑材料,逐渐塑造出不同的"传统"和具有地方特色的建筑风格。

　　建筑还蕴含着许多其他的含义,作为一门"艺术",它的价值远远超出房屋本身。建筑作为历史,历经风雨依然不倒的纪念碑、城堡、宫殿、教堂凸显着国家、民族、权力与宗教的权威。建筑更以其达到的高度与跨度,记载着人类科学的发展和技术的进步,成为高度文明的标志。

　　建筑一方面面向历史,像任何实践性的技术一样,曾经出现过的经验与技术会被不断地采用;另外一方面又是面向未来的,渴望创造力的发挥,从创新中体会愉悦和兴奋。

　　在现代建筑设计当中,需要通过恰当的建筑表现才能预测建筑物建成之后的实际效果,因为开发商们需要确切地了解建筑的影响效果、后期建设细部的质量、材料的类型,更需要了解建筑对城市、风景的影响,即便是建筑师自己,也需要在脑海中或者图纸中进一步看到更加具体的效果,以便于推敲自己的设计是否合理,所以,随着市场的需要而逐渐产生了建筑绘画也就是建筑表现图。由于设计的方案仅仅停留在蓝图上面,不容易直观地认定和评价,因此设计师为了将方案完整地向世人展现出来,而采取了绘画的手段,将设计反映在画布或者纸上。从早期的铅笔素描或油画,到后来的马克笔、喷笔、丙烯、蜡等效果图,如图 1.1 和图 1.2 所示。工具、材料和手法之所以一直在改进,无非是为了达到更好的视觉效果以及更高的效率。

图 1.1

　　一直到 20 世纪 70 年代末,计算机的出现为建筑表现的突飞猛进写下了浓墨重彩的一笔。计算机图形图像(CG)以其完全仿真的视觉效果、尺度的准确性、修改的便利,弥补了以往手绘的不足,从而让设计师可以更加确切地看到设计中需要改进的地方,提高了设计的质量。

图 1.2

1.2　行业的历史与发展

　　建筑透视表现图起源于欧洲的文艺复兴时期,其最早时期与实际的建筑并没有什么太大的关系,那时候多半是为了戏剧舞台的背景而制作。直到 18 世纪晚期法国建筑师提出了"设计绘图"这个提法,才将透视画法纳入到建筑设计表现当中。

　　在 19 世纪,透视表现法得到了极大地发展和应用。在当时,越来越多的建筑采用公开招投标的方式,在选择这些竞标设计投送方案时,设计的表现方式就变得极为重要了。例如,德国国会大厦和一些大城市的市政府、法院和火车站等都采用招标的方式。更加精致的描绘会给评判委员会成员、地方高官、评论家以及群众留下深刻的印象,尤其是公众,他们可以详细地了解发表在杂志上的建筑规划,并且得出自己的结论。这中间不仅是投标人的竞争,而且也有不同学派的竞争。每个学派都发布自己风格的设计,并试图通过创造出更注意美术细部特点的建筑绘图与对手竞争。

　　在美国建筑业高度发展的 19 世纪 90 年代,首批大型的建筑公司在纽约和芝加哥涌现。当时的城市规划规模很大,只能将多种任务分开来处理,这时专业的"透视图画家"或者"绘图人员"开始从事绘画"示意图"的工作。当美术史学家们已经习惯于将米开朗基罗或者伦勃朗的作品看成是画室或者某学派的作品时，建筑业的历史仍在培育具有独创性的画家兼建筑师，他们创作出了大量的个人作品。

图1.3

画家与建筑师的分工合作很有意义，在这个时期，有名气的建筑师雇佣绘图人员来为其画图，而不用自己亲自动笔，这一现象最早出现在美国，并且出现了以建筑绘图为生的"绘图人员"这一行业。也是在美国，从1928年开始每年度还举办公开赛，并为当年度最好的绘图人员颁发"比尔西·布尔迪特·郎"奖，一如在互联网高度发达的今天，www.cgarchitect.com网站每年一度的3D建筑表现大赛一样。在这个时期涌现出了一批建筑表现的大师级人物，如赫尔穆特·雅各比等，图1.3所示即为建筑绘画大师赫尔穆特·雅各比。

20世纪70年代，个人计算机出现了。随着电脑软硬件技术的发展，从20世纪90年代开始，涌现出越来越多的CAD软件、三维动画软件和平面软件。这使得建筑表现变得越来越快捷便利，成为建筑设计有力的辅助工具。

现代的建筑表现与过去相比到底发生了哪些改变呢？首先是CAD(Computer Aided Design，计算机辅助设计)系统的出现，打破了人类上千年以来建筑设计全部依靠手工绘图和计算的方式。通过使用CAD可以成百倍地提高建筑设计的效率，只需要绘图人员按照设计师的要求输入正确的数据，绘制基本的线条结构，剩下大部分的计算工作都交给CAD软件和计算机来完成，比如一些面积和尺寸的计算、角度和位置的测量，甚至连建筑的坚固程度、抗震能力、材料成本等内容，计算机都可以很快地给出答案。可以说，CAD的出现对人类的影响是具有划时代意义的，不仅从根本上弥补了手绘的误差，而且极大地提高了工作效率。

建筑本身就是一门包罗万象的综合学科，通过建筑可以折射出包括人文、艺术、科学在内的众多内容，但是简单地说，建筑表现就是"形、质、光、影"的结合。如果说CAD只是解决了"形"的问题，那么诸如3ds Max之类的三维动画软件的出现，则完全攻克了"质、光、影"的难题。三维动画软件依据数学和物理公式，可以模拟各种真实的光影效果，不论是日月光辉还是灯火烛影，甚至连物体的各种材质，比如金属、石材、玻璃、塑料等都可以进行真实的模拟，这就为制作逼真的建筑表现奠定了基础，更加颠覆了传统依靠纯手绘的方法进行建筑表现的工作，如图1.4所示。

从文艺复兴时期就已经萌芽的"建筑绘图"行业不仅没有消失，反而渐渐发展成为现代社会中备受瞩目的"建筑表现"行业，甚至更加细分成室内效果图、建筑效果图、室内外建筑动画等不同的表现形式，而人们做的只是把手中的笔换成了计算机。

图1.4

1.3　行业的现状

其实早先在建筑绘画中,室内和室外的界限还没有像现在这么清晰,前文所提到的建筑表现大师赫尔穆特,在他笔下不仅有一系列著名建筑外立面的透视表现图,更有其内部的表现图。就是在今天,作为完整的建筑设计的概念,建筑师也应当不仅仅是对建筑外立面有深刻的了解,也应该对室内空间有足够的把握,这本来就是一个整体,是不能分割开来的,而国内建筑表现行业的从业人员,比较倾向于将室内表现这个概念独立于"建筑"之外,这个观念稍有偏颇之嫌。

从 20 世纪 90 年代末开始至今,全国范围内开始了举世瞩目的建设浪潮。据统计,中国每年消耗全世界 30%的钢材和 40%的水泥,用于房地产建设和各种建筑施工项目。从经济发展的需要出发,有城市化的需要、有住房货币化的需要、有城市发展配套的需要,从而创造了一个巨大的建筑市场,在其中也蕴藏着巨大的建筑表现市场的机会,这当中自然包含了室内与室外两方面的内容。巨大的商机迅速成就了国内建筑表现行业的快速发展。经过中国建筑表现工作者多年的努力,可以毫不夸张地说,中国的建筑表现水平,无论是从风格到感觉,还是从质量到速度,在全世界都处于领先地位,优秀室外建筑表现作品如图 1.5 所示。

图 1.5

由于社会分工的细化和国内的实际需要,室内建筑表现渐渐演化为从属于室内设计的必需工具。对于一般国内室内设计师而言,除了设计方案,大部分设计师还都比较精通室内表现图,从设计到表现均可以完成,小部分的设计师才将表现任务进行外包制作,优秀室内建筑表现作品如图 1.6 所示。

图 1.6

而建筑设计行业就不尽相同了，由于建筑设计有体量巨大、结构复杂、周期长、分工更细致的特点，只有小部分的设计师能够做到从设计到表现全部完成。

对于建筑专业的学生来说，虽然建筑表现的技法是大学课程的一部分，但大部分的设计师从效果和效率两方面考虑，还是会选择将表现的任务专门交给更高效、更高品质的建筑表现业者来完成，因此，人们眼中更多看到的是：室内建筑表现的专业公司会比较少一些，而主要从事室外建筑表现的专业公司会更多一些，这可能也是造成从业人员印象中室内与室外界限相当的原因。

"存在的就是合理的"，这样情形的出现有着国内实际需要的原因，但这里还是建议，作为一个建筑表现行业的从业者，虽不求样样精通，但还是需要多多学习，触类旁通，这肯定对自己的专业方向有帮助。

1.4 行业的应用与展望

实际上，不论是室内还是室外，建筑表现行业都有一个需要，那就是建筑可视化(Architecture Visualization)。建筑表现的目的有两种，一是设计师为了推敲和完善设计而做的表现，属于辅助设计；二是作为一种沟通手段而做的表现，具有桥梁的作用，是架设在设计师和业主之间的，是为了让设计师能够用更有效、更简明、更直接的方式去阐述设计意图和实施结果，同时也让业主更省事、省时地去理解设计师的设计意图。只要能达到这两个目的，采用什么形式都是可以的，所以，建筑表现就是为了完成从图纸到影像的"可视"这一步，目前存在的表现形式很多，如沙盘模型、效果图、动画、虚拟现实等，如图 1.7 所示。

图 1.7

其中除了沙盘模型之外，其他几项都离不开强有力的软件工具，而计算机上的建筑可视化这个行业从诞生的那天起，就一直离不开一个软件巨人——Autodesk 以及 Autodesk 旗下的著名软件 AutoCAD 和 3ds Max。今天，建筑可视化软件已经成为 Autodesk 公司一项非常重要的业务，不仅在 3ds Max 软件本身加入了许多方便建筑可视化领域的应用工具与特殊功能(例如

"光能传递"、"建筑材质"、"染到纹理"、"打印大小向导"、"文件关联"、"参数化建筑模型"等),而且从全部的产品线来说,也形成了比较成熟的流程体系。除了久负盛名的AutoCAD,后来又出现了专为建筑服务的VIZ,以及后来Autodesk收购了的建筑可视化软件中著名的Lightscape,并吸收了其光能传递核心技术,最近又出现了在将设计图纸转换为3D模型方面更为便捷的Revit,这些都进一步证明了Autodesk公司在建筑可视化领域无与伦比的优势与实力,再加上与3ds Max软件互相配合的一些高效便捷的第三方渲染器,更加巩固了Autodesk在建筑可视化领域的主导地位。这一点可以从国内外众多的建筑表现公司所选用的软件产品上得到验证。

事实上,Autodesk的产品几乎占据了整个建筑可视化领域,并且已经形成了一套行业制作规范和项目工作流程,比如制作室内外效果图的基本工作流程是:在AutoCAD中完成建筑图纸的设计工作,经过精简后导入3ds Max,按照图纸的形态进行建模,然后给予摄像机以便于定下构图与视角;接下来给物体赋予材质,调整灯光,最后渲染输出。建筑动画的流程与之类似,但需要完成更多包括创意、脚本、预演和摄影机动画等步骤的工作。当然为了能够制作出更为精致的效果图,人们并不能仅仅局限在Autodesk的产品线上,还可以使用建模更为简洁的SketchUp软件、第三方渲染器VRay、后期处理软件Photoshop等。

1.5 建筑效果图的制作流程

从技术角度出发,制作建筑效果图大致可以分为5个阶段,即建模阶段、编辑材质阶段、设置灯光和相机阶段、渲染阶段以及建筑效果图后期处理阶段。

1. 建模阶段

建模阶段是制作建筑效果图的第一个阶段,此阶段主要是根据建筑平面图或立面图在3ds Max中制作建筑效果图的基本模型,在这里创建的建筑模型通常称为"线架"。获取线架的方法除了直接在3ds Max中利用各种创建、修改命令之外,还可以将使用AutoCAD制作的建筑平面图导入到3ds Max系统中,再通过点的焊接、线的修改、面的挤出等操作得到一个较为精确的建筑效果图线架,还可以把AutoCAD制作的建筑平面图导入到SketchUp软件中,在SketchUp中进行线架的创建,完成以后再导入到3ds Max系统中进行材质和灯光等的制作。

在建模阶段要注意两点:一是精确,二是精简。所谓精确就是指制作的模型尺寸要尽量和原图纸尺寸在比例上协调一致。在没有原图纸数据支撑的情况下,比如说一些家具,也要特别注意常用家具的一般尺寸,为了方便大家学习,下一章节将介绍常见空间尺寸和家具尺寸;所谓精简,就是在精确的基础之上,尽量优化操作过程,对于视距较远的物体,在制作上可以粗略一些,对于不在视线范围内的物体,可以不做,这样既提高了作图的速度,又减少了建筑线架的点面数。

2. 编辑材质阶段

编辑材质阶段是制作效果图的第二个阶段,好的材质能更真实地体现建筑材料及其建筑风格,给人身临其境的感觉。制作一个真实的材质不是一件容易的事情,同一个材质,在不同的气候、不同的光线和不同的场景中的表现是不一样的，如图 1.8 所示。这就要求大家要有敏锐的观察力，要对身边的物体多观察，多思考。

3. 设置灯光和相机阶段

灯光是建筑效果图的灵魂。即使有精确的建筑模型和真头的材质表现，没有好的灯光表现，一切将失去意义，没有灯光什么物体也看不到，没有好的灯光表现，也就不会有场景的空间感，也就反应不出场景所处的气候、时间，画面的情绪也是由灯光来反应的，因此，灯光是关系到建筑效果成败的关键。在设置灯光时，应根据不同的场景要求去选择合适的灯光类型。一般情况下，室外灯光的设置比较简单，可选择目标平行光作为场景的主光源来模拟太阳光，再相应地加入几盏其他类型的灯光作为辅助光，配合主光源

图 1.8

照亮场景即可，而室内场景的灯光设置相应复杂一些。同时，白天的灯光效果要比夜晚的灯光效果容易设置一些。这在后面的实例制作中可以体会出来。总之，灯光的设置在整个效果图的制作过程中是较难把握的，需要多做练习，多做总结，设置场景灯光后的效果如图 1.9 所示。

图 1.9

与灯光相比，相机的设置就简单多了，通常我们都是通过设置目标相机来观察场景的，通过视角的调整，主要解决画面构图的问题，从而可以得到不同的效果图，例如俯视鸟瞰效果图、近点仰视效果图等。

4. 渲染阶段

　　这一阶段主要是解决用什么渲染器的问题，本书主要选用的渲染器是目前非常流行的 VRay 渲染器。渲染一般分为两个阶段：一是测试渲染阶段，二是成品渲染阶段。测试渲染阶段其实在材质和灯光的设置阶段就已经开始了，比如，要想看到当前材质的效果，可能就需要进行一次渲染，只有渲染之后才能看到当前所设置的材质在物体上的最终表现，这时候的渲染需要的速度非常快，所以一般就会设置比较简单的参数，通常称其为测试渲染。当所有的材质和灯光在测试渲染都通过了以后，才会把渲染的参数提高，进行成品图的最终渲染。

5. 后期处理阶段

　　要想得到一幅较为完美的建筑效果图，还需要使用图像处理软件 Photoshop 对建筑效果图进行后期处理，原始场景与后期处理之后的对比效果图如图 1.10 所示，其主要包括以下几个方面的调整。

　　(1) 调整整个画面的色调以及对比关系，使其层次感更强，图像更清晰。

　　(2) 调整 3ds Max 中设置不合理的光效及投影效果。

　　(3) 添加各种配景，例如人物、花草、车辆等，使其更生动，更真实。

图 1.10

本 章 小 结

　　本章通过对建筑可视化行业的应用、发展历史及对行业的展望的讲述，详细介绍了建筑效果的制作流程、各阶段的主要任务和一些原则与方法，通过本章的学习，大家可以对该行业的应用与发展有更深刻的认识。

习　　题

一、选择题

　　1. AutoCAD 在建筑可视化中的主要作用是_____。(多选)

　　　　A. 建立模型　　　　B.设计图纸　　　　C.设置动画　　　　　　　D.生成动画预演

　　2. 建筑表现的主要目的是_____。(多选)

　　　　A. 辅助设计　　　　B. 进行广告展示　　C. 服务于设计规划　　D. 科学研究

二、简答题

　　1. 常用的建筑、装饰材料有哪些？

　　2. 简述建筑的风格及流派。

　　3. 简述建筑效果图的制作流程。

第2章 常见的空间尺寸和家具尺寸

本章主要介绍常见的空间尺寸及家具尺寸,为在软件中建立实际尺寸大小的物体模型打下基础,同时介绍了在 3ds Max 软件和 SketchUp 软件中设置单位的方法。

本章重点:

1. 确立在做效果图时尺度的观念
2. 掌握在 3ds Max 软件和 SketchUp 软件中设置单位的方法

2.1 常用的室内尺寸和家具尺寸

做环境艺术设计，心里面一定要有尺度的观念，很多同学感觉对于单个物体的建模没有什么问题，可以做得很好，但当把很多的模型组合到一个室内空间时，发现总是感觉别扭，不是此物体太大，就是彼物体太小等。这一章节便主要来讲述常见的空间尺寸和家具尺寸及 3D 软件的尺寸设置等内容。

首先具体探讨一下家居中的人体工程学数据。其实搬来教科书上的那么多东西，都只是为了讲解人体工程学这个概念。现在来具体了解一下这些数据。

常做设计的人基本都知道一般的过道宽为 1200mm，这个数据是根据人体的肩宽来决定的。人的肩宽大约是 400mm，加上余量，过道宽达到 600mm 以上时走路一般不会碰到东西。当两人并肩走时，1200mm 的空间基本够用。所以家居基本过道宽为 1200mm。当然这仅是常用数据，不是绝对数据。当空间确实很窄时，也可把过道宽设计为 1000mm，空间宽的可以有 1500mm 的设计等。公共空间一般设计为 1500mm 的内空宽度。

家居鞋柜的深度(或说宽度、厚度)是根据人体脚的尺寸来设计的，一般人的鞋的尺寸在 180～250mm 之间，所以，鞋柜的深度一般在 180～320mm 之间，常用 300mm。之所以 180mm 也可以，是因为鞋柜的功能主要是放鞋用的。鞋不仅可以平放，也可以斜插着放。那么为什么不设计宽一点的原因是因为一般鞋柜的放置都在门厅或门口，以方便进出换鞋。空间一般很小，常见的还有打没一半在墙体里面的。所以，为了节约空间，同时还为了美观，一般见不到 320mm 以上深度的鞋柜。只有特殊情况才这样设计。

单人沙发的宽度为 900mm。这个尺寸也是以人的肩宽为基础的。人的肩宽常在 400mm 左右，左右加点余量，达到 500mm 左右，沙发扶手两边各去 200mm 左右的厚度，基本上总宽度达 900mm。当然还有 1000mm 的以及其他规格的。至于多人沙发，由于人数不等，所以就不多做阐述。但也可以根据人的肩宽尺寸大概知道。实在不会计算也可拿米尺去测量一下。

茶几的尺寸基本是根据沙发的尺寸和空间来安排的。在平面布置中还要考虑空调，空调的尺寸就算是大规格的也不过有 600～800mm 的宽度，深度在 400～500mm 就够了。

衣柜的深度也是做设计时常涉及的，衣柜的尺寸还是以人的肩宽为依据的。不过，具体考虑到了衣服的宽度，展开用衣架晾起的时候在 500mm 左右，所以常见的是设计为 550mm，也有设计为 600mm 等。至于衣柜的长度，是没有一个统一长度的，一般可根据房间墙壁的长度来具体安排设计。

书柜的尺寸，一般都把握在 350mm 内。日常生活中的书本都是根据纸张的尺寸来确定的，如小中本、普通本是 32k 页面的，宽度也不过 200mm 左右。16k 的，也就是人们常见的 A4 纸张，宽度是 297mm，再就是高度是 420mm，宽度是 297mm 的 A3 纸张，还是可以立放在 350mm 的书柜里面的，再大一点的书本一般都是成卷的，或是可以卷折的。可见，书柜的深度也不是一成不变的，就算变也是以能放下书为标准的。以上提供的数据不一定是定数，但都是基本实践出来的。

再一个就是提一下洗面台的深度，也就是宽度，一般为 550mm 左右，这基本是根据厂商生产的洗脸盆的尺寸来安排的。还有灶台的宽度一般为 600mm。

最后谈一下卫生间，如果一个卫生间要放整体淋浴房、洗面台、蹲便器，那么尺寸起码要保持在 1300mm×1800mm。

附录：(以下皆为 mm 单位)

常用家具尺寸	**办公桌**	长：1200～1600　宽：500～650　高：700～760
	办公椅	高：400～450　　长×宽：450×450
	沙发	单人式：长度 800～950　深度 850～900　坐垫高 350～420　背高 700～900
		双人式：长度 1260～1500　深度 800～900
		三人式：长度 1750～1960　深度 800～900
		四人式：长度 2320～2520　深度 800～900
	茶几	前置型：900×400×400(高)　　中心型：900×900×400　　700×700×400
		左右型：600×400×400
	书柜	高：1800　宽：1200～1500　深：450～500
	书架	高：1800　宽：1000～1300　深：350～450
	书桌	固定式：深度 450～700(600 最佳)　高度 750
		活动式：深度 650～800　高度 750～780
		书桌下缘离地至少 580　长度：最少 900(1500～1800 最佳)
	衣橱	深度：600～650　推拉门：700　衣橱门宽度：400～650
	矮柜	深度：350～450　柜门宽度：300～600
	电视柜	深度：450～600　高度：600～700
	单人床	宽度：900，1050，1200　长度：1800，1860，2000，2100
	双人床	宽度：1350，1500，1800　长度：1800，1860，2000，2100
	圆床	直径：1860，2120.5，2420.4(常用)
	茶几	小型，长方形：长度 600～750，宽度 450～600，高度 380～500(380 最佳)
		中型，长方形：长度 1200～1350　宽度 380～500 或者 600～750　正方形：长度 750～900，高度 430～500
		大型，长方形：长度 1500～1800　宽度 600～800　高度 330～420(330 最佳)
		圆形：直径 750，900，1050，1200　高度 330～420
		方形：宽度 900，1050，1200，1350，1500　高度 330～420
室内常用尺寸	**墙面尺寸**	踢脚板高：80～200
		墙裙高：800～1500
		挂镜线高：1600～1800(画中心距地面高度)
	餐厅	

	餐桌高	750～790
	餐椅高	450～500
	圆桌直径	二人：500，800　四人：900　五人：1100　六人：1100～1250 八人：1300　十人：1500　十二人：1800
	方餐桌尺寸	二人：700×850　四人：1350×850　八人：2250×850
	餐桌转盘直径	700～800
	餐桌间距	(其中座椅占 500)应大于 500
	主通道宽	1200～1300
	内部工作道宽	600～900
	酒吧台	高 900～1050　宽 500
	酒吧凳高	600～750

13

室内常用尺寸	商场营业厅	走道宽	单边双人：1600　双边双人：2000　双边三人：2300 双边四人：3000　营业员柜台：800
		营业员货柜台	厚：600　高：800～1000
		立货架	单靠背：厚300～500　高1800～2300 双靠背：厚600～800　高1800～2300
		小商品橱窗	厚：500～800　高：400～1200
		陈列地台高	400～800
		收款台	长：1600　宽：600
	饭店客房	标准面积	大：25m² 中：16～18m² 小：16m²
		床	高：400～450　宽：850～950
		床头柜	高：500～700　宽：500～800
		写字台	长：1100～1500　宽：450～600　高：700～750
		行李台	长：910～1070　宽：500　高：400
	卫生间	卫生间面积	3～5m²
		浴缸	长度：1220，1520，1680　宽：720　高：45
		坐便	750×350
		冲洗器	690×350
		盟洗盆	550×410
		淋浴器高	2100
		化妆台	长：1350　宽：450
	会议室	中心会议室	会议桌边长6000
		环式高级会议室	环形内线长7000～10000
		环式会议室服务通道宽	600～800
	交通空间	楼梯间休息平台净空	等于或大于2100
		楼梯跑道净空	等于或大于2300
		客房走廊高	等于或大于2400
		两侧设座的综合式走廊宽度	等于或大于2500
		楼梯扶手高	850～1100
	灯具	大吊灯最小高度	2400
		壁灯高	1500～1800
		反光灯槽最小直径	等于或大于灯管直径两倍
		壁式床头灯高	1200～1400
		照明开关高	1000

2.2　在软件中设置单位

那么怎样建立实际尺寸的物体模型呢？这就需要在软件中把单位设置好，请按以下的方法进行。

1. 3ds Max 中尺寸单位的设置

在默认情况下，系统是没有单位的，人不知道 1 表示的是 1cm 还是 1km。所以要首先设置系统的单位。在 3ds Max 中一般设置成毫米单位。设置步骤如图 2.1 所示。

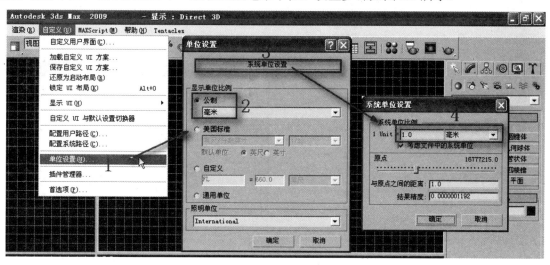

图 2.1

2. SketchUp 中的单位设置

在默认情况下，SU 系统是以英寸为单位的，这是非常不方便的，也需要把它改为毫米单位。设置步骤如图 2.2 所示。

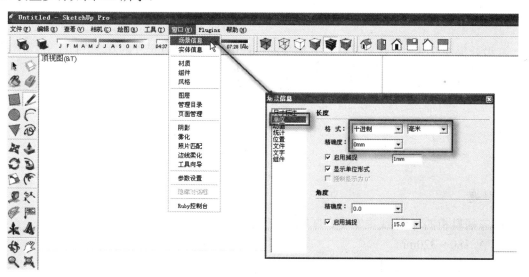

图 2.2

也可以通过设置模板来设置单位，这样一来就不用每次启动 SU 都要设置一次单位了，方法如图 2.3 所示。

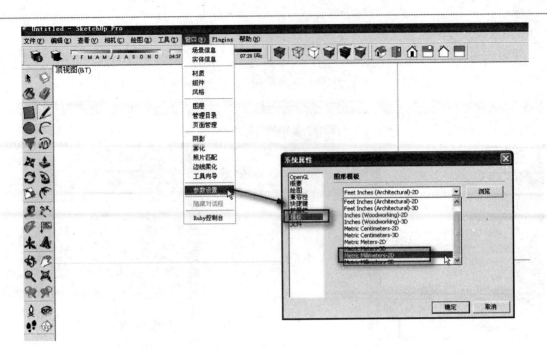

图 2.3

选择毫米单位的模板，单击【确定】按钮就可以了，下次启动的时候就会用毫米为单位了。

本 章 小 结

在做效果图设计时，特别是在建立场景的过程中，一定要有尺寸的观念，以上介绍了在做设计时的过道，以及家具中常用的鞋柜、茶几、衣柜、书柜、卫生间等的尺寸数据，这样在做模型时，心中有尺寸的观念，就不会出现模型大小不协调的情况了。

习　　题

一、选择题

1. 家居鞋柜的深度(或说宽度、厚度)，一般是_____。

　　A. 180～320mm　　　　　　　　B. 200～450mm

　　C. 150～200mm　　　　　　　　D. 500～650mm

2. 单人沙发的总体宽度为_____。

　　A. 900mm 左右　　　　　　　　B. 1500mm 左右

　　C. 500mm 左右　　　　　　　　D. 1200mm 左右

二、简答题

1. 简述一般过道的设计尺寸及其原因。

2. 在 3ds Max 和 SketchUp 中是如何设置单位的？

第3章 建筑建模基础及参数化物体的创建

本章主要介绍建筑建模的一些基础知识，包括 3ds Max 的基础设置和通过参数来建立常用模型的方法，通过本章的学习，才能在以后的建筑建模过程中得心应手。

本章重点：

1．掌握 3ds Max 的基础设置

2．掌握通过参数来建立门、窗、楼梯等的方法

3.1 3ds Max 的基础设置

由于 3ds Max 并不只是为建筑可视化一个行业服务的，所以对于 3ds Max 的许多设置来说，在默认的状态下，并不是最适合建筑表现的设置。为了更准确、更高效地进行制作，就必须对默认的设置进行更改，从而更加适合建筑表现行业的制作体系。

3.1.1 首选项的设置

定制系统设置的一些工作通常是在【自定义】菜单下的【首选项】命令中来完成的，如图 3.1 所示。

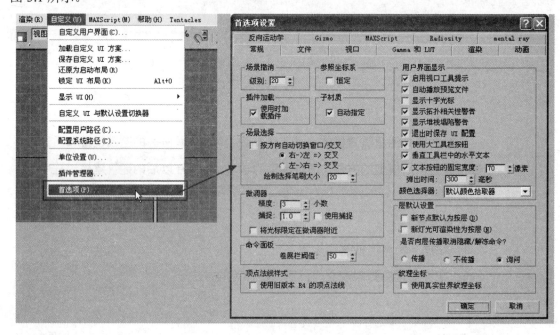

图 3.1

在【首选项设置】对话框中，可以根据需要调节、更改一些系统设置。以下是几个选项卡中需要调节的内容。

1. 【常规】选项卡

图 3.2

建筑可视化领域所面对的场景一般比较复杂、内容较多，有时为了得到正确的效果需要进行多次调整，假如之前操作的效果不理想，可以按 Ctrl+Z 键来撤销之前的操作。正常的情况下，场景撤销的次数为 20 次，但是该数值对于日常的操作来说，略显少了一些，所以建议把该数值设置为 50~100，这样在以后的实际操作中会更加方便，如图 3.2 所示。

2. 【文件】选项卡

如图 3.3 所示，在系统默认的状态下【保存时压缩】这一复选框没有被勾选，但是建筑场景的文件一般比较大，有时可以达到几十甚至一百多兆字节，如此大的文件容易因为磁盘的错误而打不开，因此建议勾选该复选框。

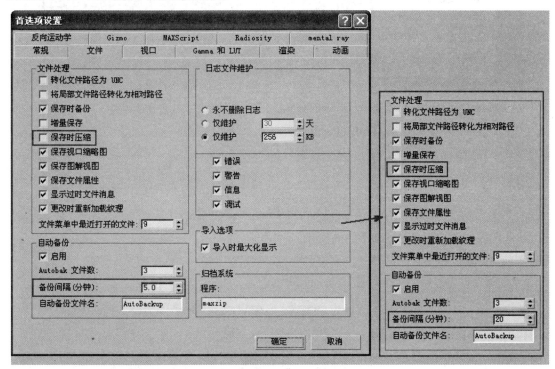

图 3.3

【自动备份】区域中的【备份间隔】选项，主要是让 3ds Max 能对当前的场景进行自动存盘的操作，这对场景是十分有意义的，因为建筑场景普遍偏大，经常会将计算机的资源消耗殆尽，因此 3ds Max 出错的概率也会相对偏大，如果有自动备份的文件，就可以将损失降到最低。但是默认情况下的【备份间隔】只有 5min，由于建筑场景比较大，存盘速度比较慢，因此这个存盘间隔的时间相对来说比较短，在存盘的时候 3ds Max 无法进行其他任何的操作。因此为了不使 3ds Max 过于频繁地进行存盘操作，影响正常的使用，建议将此时间间隔数值设置到15～30min 之间。

3.1.2 界面颜色的定制

在 3ds Max 中，用户界面（UI）的大多数元素都可以自由地修改，方便用户的工作。操作步骤如下。

选择【自定义】菜单下的【自定义用户界面】命令，打开【颜色】选项卡，选择需要更改颜色的元素，如【视口背景】，再在【颜色】选项中选择所需要的颜色，如黑色，最后单击【立即应用颜色】按钮，如图 3.4 所示。

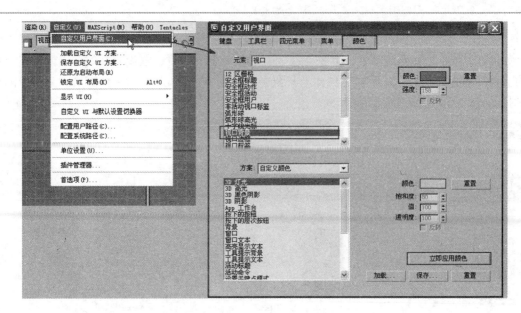

图 3.4

默认状态和更改后的情形如图 3.5 所示。

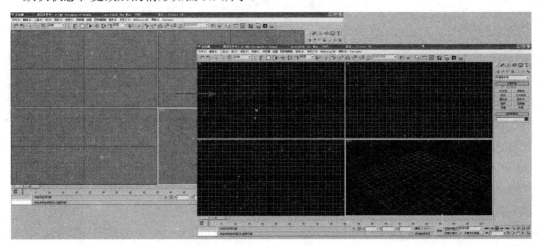

图 3.5

为什么要更改【视口背景】的颜色呢？因为在平时对建筑场景进行操作时，显示的线条会非常复杂，浅色的背景看起来不易区分，深色的背景更容易选择和区分，因此建议将颜色设置为黑色。对于其他界面的颜色，也可以根据需要进行同样的处理。

3.1.3 捕捉的设置

图 3.6

捕捉的定制如图 3.6 所示。【捕捉】工具位于主工具栏当中，该工具能很好地在三维空间中锁定需要的位置，以便进行【选择】、【创建】、【编辑】等操作。在创建和变换对象或子对象时，该工具可以帮助使用者捕捉几何体的特定部位，还可以捕捉栅格、切线、中点、轴心点、面中心等其他选项。

系统提供了 3 个工具，包括 2D 捕捉、2.5D 捕捉、3D 捕捉工具，它们的按钮包含在一起，在该按钮上单击鼠标左键不放即可进行切换选择。

【2D 捕捉】工具 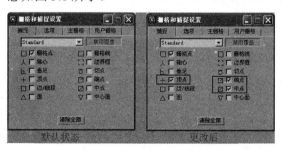：捕捉在当前视图中栅格平面上的曲线和无厚度的表面造型，对于有体积的造型将不予捕捉，通常用于平面图形的捕捉。

【2.5D 捕捉】工具 ：这是一个介于二维与三维空间的捕捉工具，它是将三维空间的项目捕捉到二维平面上，换句话说就是将三维物体的正投影捕捉下来。例如将一个三维对象捕捉到其视图中活动的栅格平面上，可以使用划线工具，在透视图中捕捉绘制一个三维对象的外形，所得到的平面图形位于该视图中活动的栅格平面上，就好像在一块玻璃上描绘，透过它看到的三维对象一样。

【3D 捕捉】工具 ：直接在三维空间中捕捉三维对象，包括所有类型的对象。

一般在建筑建模工作中，最常用的是【2.5D 捕捉】工具 ，偶尔用到【3D 捕捉】工具 ，基本不用【2D 捕捉】工具 。牢记这个图标，在大多数情况下都用【2.5D 捕捉】工具进行捕捉操作。

在【捕捉】按钮上右击，将会弹出【栅格和捕捉设置】对话框。

【捕捉】选项卡在默认的状态下，只有【栅格点】复选框被勾选，建筑建模时一般要勾选的是【顶点】、【端点】、【中点】这 3 个复选框。偶尔用到的还有【垂足】、【轴心】复选框，由于这两个复选框很少使用，所以一般状态下不勾选。系统默认状态和更改后的状态如图 3.7 所示。

在【栅格和捕捉设置】对话框中，第二个是【选项】选项卡，选择该选项卡后，可以看到系统在默认状态下的设置。在建筑建模过程中有两个频繁用到的特殊操作。

(1) 需要在【冻结】的图纸上描线并捕捉图纸。

(2) 捕捉的时候可以利用轴向约束来捕捉相同横坐标或相同纵坐标的点。

为了满足这两个操作需要，就必须对系统默认状态进行更改设置，默认状态及更改后的状态如图 3.8 所示。

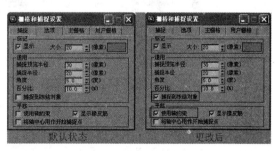

图 3.7　　　　　　　　　　　　　　　　图 3.8

在上文所提到的【选项】选项卡中，还有【角度】捕捉切换和【百分比】捕捉切换，有可能在建模的时候用到，含义如下。

【角度】捕捉切换 ：用于设置进行旋转操作时的角度间隔，不打开【角度】捕捉切换选项，对于细微的调节有帮助，但对于整个角度的旋转就不方便，而事实上经常要进行如 90°、180° 等整角度的旋转，这时打开【角度】捕捉选项，系统会以默认设置的 5° 作为角度的变化间隔进行旋转。该数值可以根据需要自己在【选项】选项卡中进行设置。

【百分比】捕捉切换：用于设置【缩放】和【挤压】操作时的百分比间隔，如果不打开【百分比】捕捉切换选项，系统会以默认的 1%作为缩放的比例间隔，如果要求整比例缩放，就可以打开【百分比】捕捉选项，它会以默认的 10%作为缩放的比例间隔，该数值同样可以根据需要自己在【选项】选项卡中进行设置。

以上是在建筑建模中常用到的捕捉选项的基本设置，建筑表现的模型都要求尺度准确，最主要的是需要跟图纸或者其他几何体对齐，单靠目测是远远不够的，所以捕捉的设置对于建模开始之前的准备工作来说是非常重要的。

3.2 参数化物体的创建与参数调整

3.2.1 标准基本体的创建

标准基本体很常用，理解起来也很容易，主要有图 3.9 所示的一些类型。应该熟练掌握各种标准基本体的创建方法和参数的调节方法。

图 3.9

标准体的创建方法包括以下几个方面。

(1) 直接拖动，一步就可以创建完成，包括图 3.10 所示的类型。

图 3.10

(2) 要分两步完成的创建任务，包括图 3.11 所示的类型。

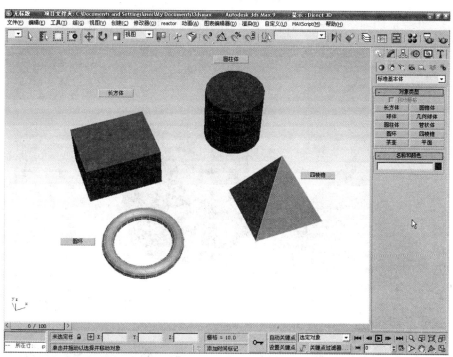

图 3.11

创建方法：先按图 3.12 所示的步骤选择创建命令，在屏幕上拖动鼠标，建立四棱锥的底面，再松开鼠标移动，创建出四棱锥的高，在合适的时候单击，确定完成四棱锥的创建。

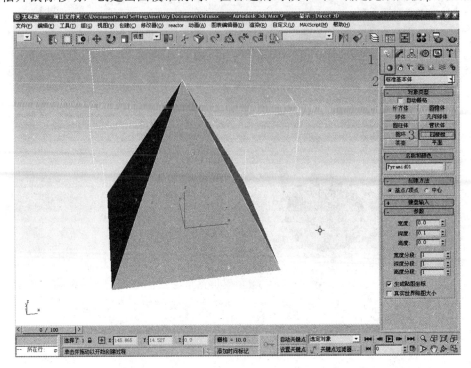

图 3.12

(3) 要三步完成的创建任务，包括图 3.13 所示的两个类型。

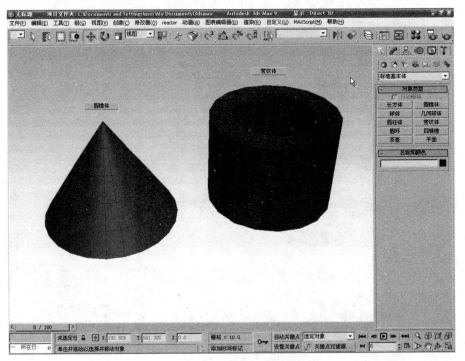

图 3.13

创建方法是：第一步先按图 3.14 所示的步骤选择创建命令，在屏幕上拖动鼠标，创建出圆锥体的底面；第二步松开鼠标移动，创建出圆锥体的高度，单击确定；第三步就是在松开鼠标的情况下移动生成圆锥体的顶面。

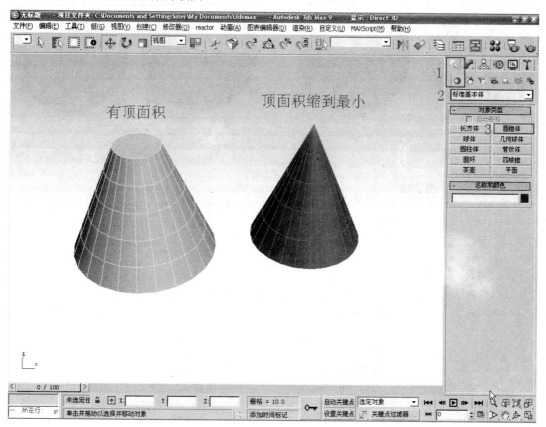

图 3.14

3.2.2　标准几何体的参数调整

一个物体被创建完成之后，当它还处于被选择的状态时，物体的参数还可以在【创建】命令面板中修改，但如果在屏幕上面随意单击，这时会失去对物体的选择状态，就需要重新选择物体，但是物体的参数却不见了，也就是说这时不能在【创建】命令面板中修改物体的参数了，需要进入到第二个命令面板，也就是【修改】命令面板中去做调整。现在来看一下常用的参数调整。

【分段】的概念很重要，分段数越大，物体越细腻，但所占用的资源也越大；分段数越小，物体越粗糙，但所占用的资源也越小，做图的速度也可以加快。初学者往往在质量和效率之间找不到合适的平衡点，要不使场景特别复杂，操作困难，运行缓慢；要不就有可能会使场景中的物体粗糙，没有细节。不同的设计效果如图 3.15～图 3.20 所示。

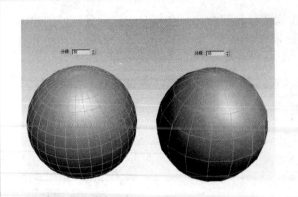
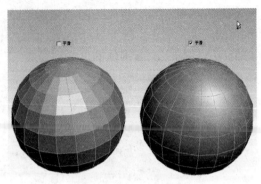

图 3.15   图 3.16

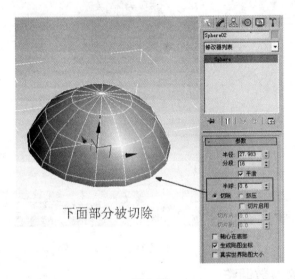

下面部分被切除

图 3.17

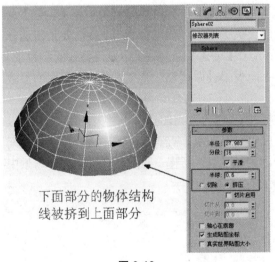

下面部分的物体结构
线被挤到上面部分

图 3.18

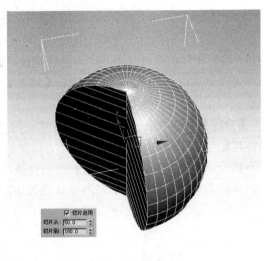

图 3.19

图 3.20

3.2.3　创建扩展基本体

　　扩展基本体的使用频率不是很高,创建方法和标准基本体很类似,主要包括图 3.21～图 3.22 所示的一些形态。

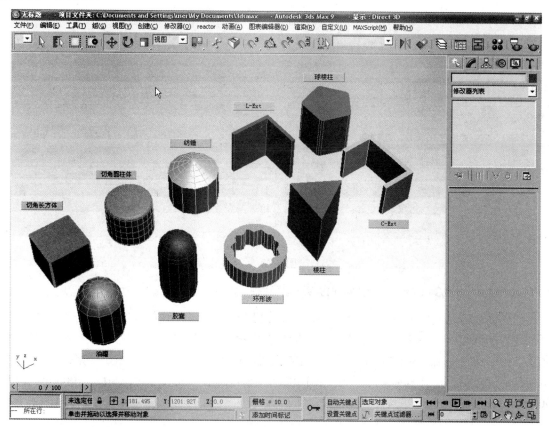

图 3.21

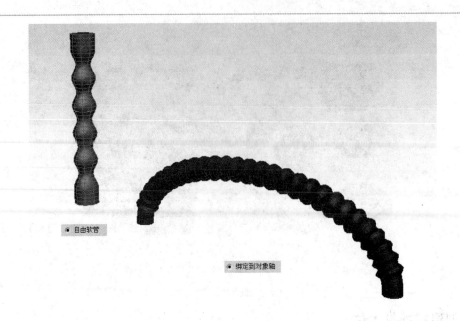

图 3.22

3.2.4　参数化建筑模型的建立与参数调整

参数化建筑模型主要包括门、窗、AEC 扩展和楼梯，如图 3.23 所示。

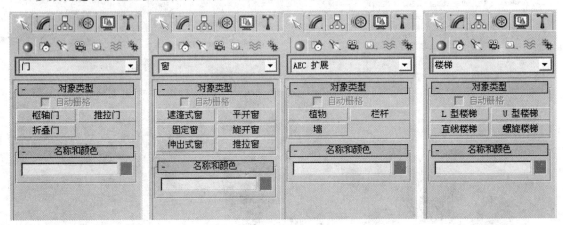

图 3.23

1. 门的种类如图 3.24 所示。门的创建方法如下所述。

门的创建方法：先单击要创建的门的类型，在默认情况下，创建的顺序是先创建门的宽度，再创建门的深度，最后创建出门的高度，也就是 ● 宽度/深度/高度 选项。选择完要创建的门类型之后，在顶视图中按住鼠标拖动，创建出门的宽度，松开鼠标拖动就创建出门的深度，单击确定门的深度之后，松开鼠标就可以拖动出门的高度了。一般门的尺寸为：高度 2100mm，宽度 900mm，深度 150mm，也就是图 3.25 所示的参数。

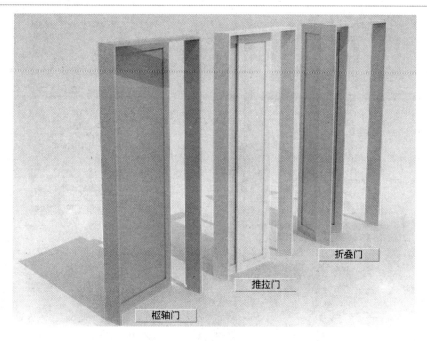

图 3.24

图 3.25

下面来看看 3 种门，门的控制面板中的所有参数的意义和效果如图 3.26～图 3.34 所示。

图 3.26

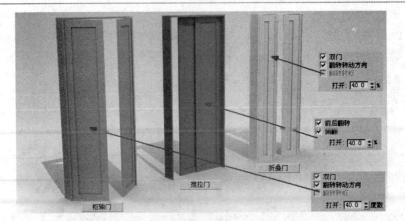

图 3.27

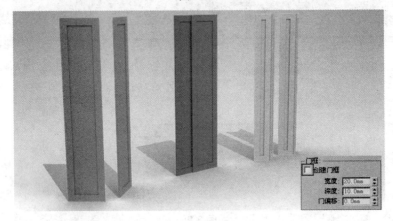

图 3.28

图 3.29

图 3.30

图 3.31

图 3.32

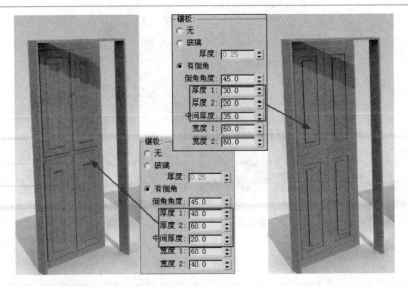

图 3.33

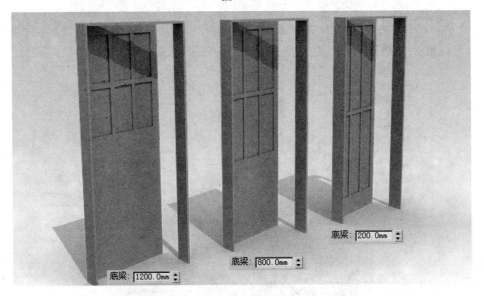

图 3.34

2. 窗的创建方法

窗的种类如图 3.35 所示。

图 3.35

(1) 以平开窗为例，窗的控制面板中的参数意义和效果如图 3.36～图 3.39 所示。

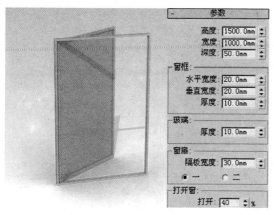

图 3.36

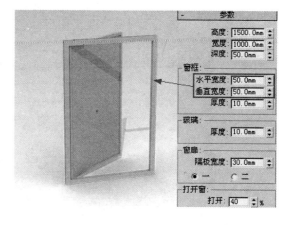

图 3.37

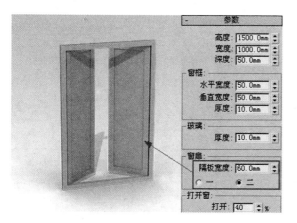

图 3.38

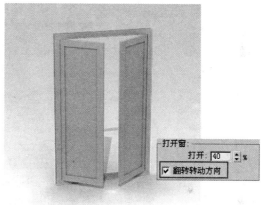

图 3.39

(2) 遮篷式窗的参数意义和效果如图 3.40 所示。

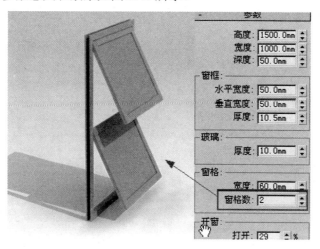

图 3.40

(3) 固定窗的参数意义和效果如图 3.41～图 3.42 所示。

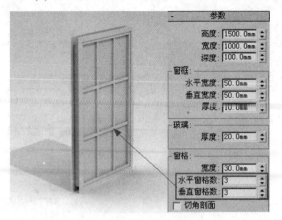 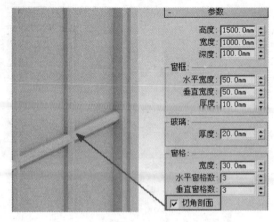

图 3.41　　　　　　　　　　　　　　　　　　图 3.42

(4) 旋开窗的参数意义和效果如图 3.43～图 3.44 所示。

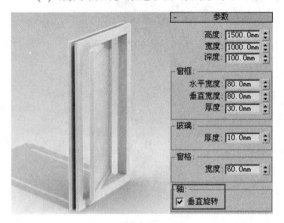 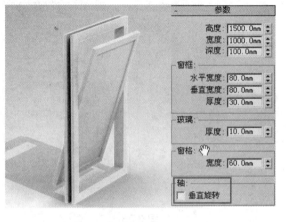

图 3.43　　　　　　　　　　　　　　　　　　图 3.44

(5) 伸出式窗的参数意义和效果如图 3.45 所示。

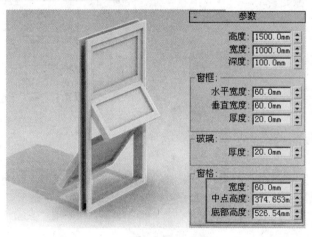

图 3.45

3. 楼梯的创建方法如下所示。

楼梯的种类如图 3.46～图 3.49 所示。

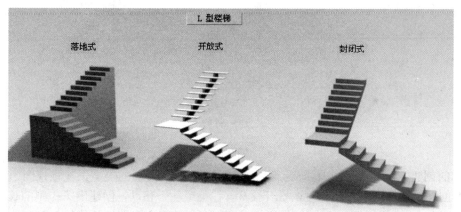

图 3.46

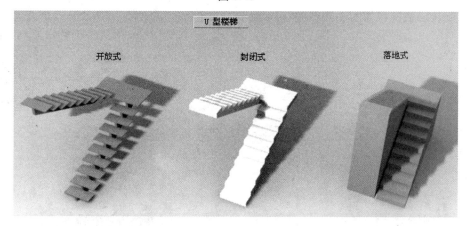

图 3.47

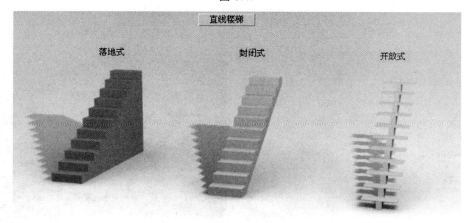

图 3.48

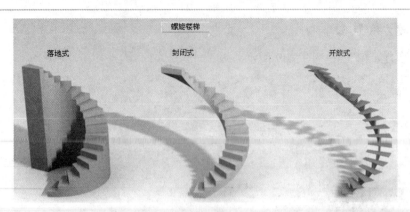

图 3.49

　　楼梯的创建方法：以 L 型楼梯为例。先单击要创建的楼梯的类型，在顶视图中，按住鼠标拖动，创建出楼梯的第一跑长度，松开鼠标，往上或往下移动，创建出第二跑的长度，单击【确定】按钮，再松开鼠标，往上移动，创建出楼梯的高度，完成。(具体的创建方法请看视频教学。)

　　以螺旋楼梯为例，如图 3.50～图 3.54 所示，来了解一下如何设置参数。

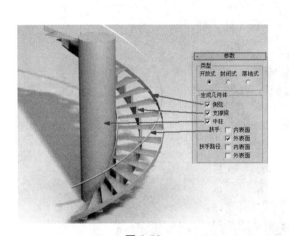

图 3.50

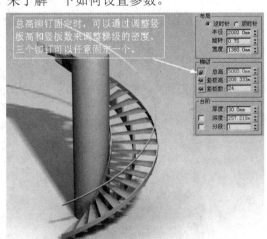

图 3.51

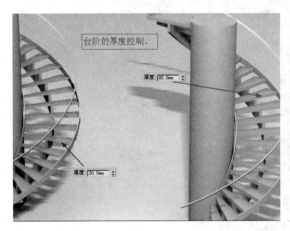

图 3.52

图 3.53

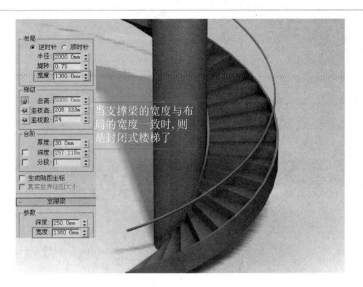

当支撑梁的宽度与布局的宽度一致时，则是封闭式楼梯了

图 3.54

本 章 小 结

本章主要介绍了在建筑建模时 3ds max 中的一些常用设置，包括首选项的设置、颜色的设置和捕捉的设置，这些都是保证建模顺利进行的必要前提。参数化物体的创建虽然简单，但却是迅速建立复杂模型的基础，同时通过参数的调整，也能体会到参数化物体本身其实也是很复杂的，拥有大量的物体细节。

习 题

一、选择题

1. 调整 3ds Max 场景自动保存的时间间隔，是在【首选项设置】对话框中的_____选项卡中设置。

　　A.【常规】 　　　　　　　　　　　　B.【文件】

　　C.【视口】 　　　　　　　　　　　　D.【Gizmo】

2.一般在建筑建模工作中，最常用的捕捉是_____。

　　A. 2D 捕捉 　　　　　　　　　　　　B. 2.5D 捕捉

　　C. 3D 捕捉 　　　　　　　　　　　　D. 4D 捕捉

二、操作题

1. 分别创建出符合实际尺寸的折叠门、推拉门、枢轴门。

2. 熟悉各种楼梯的创建方法及其参数调整。

第 4 章　室内建模应用

　　室内模型主要分为两类：墙体框架模型和家居饰品模型。墙体框架模型主要以捕捉 CAD 图纸的方式制作，所以比较侧重 CAD 图纸的管理和捕捉工具的技术。家具模型的制作方法很多，本章主要讲述的有二维线建模、多边形建模、动力学建模等。

本章重点：

1. 熟悉掌握建模的制作流程和原理

2. 熟练掌握 CAD 图纸的导入流程和管理方法

3. 熟练掌握【显示／隐藏】和【冻结／解冻】技术的使用方法

4. 熟练掌握【捕捉】操作的设置和使用方法

5. 掌握常用修改器，特别是可编辑多边形修改器的使用

6. 熟悉【车削】、【放样】、【挤出】的建模方法以及动力学建模方法

4.1 框架模型——卧室

本例制作一个简洁的卧室空间。从导入 CAD 图纸开始到整体模型制作完成是一个经典而又完整的建模工作流程。在制作中可以学习到"单面建模"的制作理念，还可以使用捕捉系统，依据 CAD 图纸精确地创建模型，并且还可以学习到使用多边形模型的"材质 ID"和"多维 / 子对象"材质对单个对象赋予多个材质，以及对材质进行管理的技术。

工作流程：导入 CAD 图纸→创建墙体框架→制作天花结构→制作门窗细节→制作床背景墙。

4.1.1 摄像机视角与建模方式

在建模之前，首先要清楚渲染表现时的摄像机视角问题，通常情况下摄像机视角分为两种：室内视角和鸟瞰视角。室内视角，如图 4.1 所示，类似于人在室内空间内部观察的情景，因为此视角更加符合人们观察空间的透视习惯，所以室内视角是最常用的表现角度。鸟瞰视角，如图 4.2 所示，是从室外俯视室内空间，主要用于表现空间的布局规划，是一种强化主体结构而弱化内部细节的表现方式，因为不是人们习惯的透视方式，所以在室内表现的行业中使用较少。

图 4.1   图 4.2

两种视角对模型的要求也有所不同。鸟瞰视角通常可以同时看到建筑物的内外结构，所以模型最好也要按实际结构将内部和外部的实体都构造出来。这种实体结构的建模方式称为"双面模型"建模。由于鸟瞰视角在室内表现中应用较少，关于这一方面的建模方法，在这里不做过多涉及。

室内视角通常只能看到实体结构中的内部面，所以模型只建造出内部面模型就可以满足渲染的要求，这种只建造内部结构面的建模方式称为"单面模型"建模。不论是"双面模型"还是"单面模型"，在室内视角的情况下，它们的效果是完全一样的，只有在鸟瞰视角下"单面模型"才会露出破绽。由于"单面模型"省去了面积较大的外部面模型，如图 4.3 所示，所以场景的渲染效率会大大提高，尤其是在使用基于表面细分的渲染系统时，其效能更为突出。鉴于"单面模型"在行业中的应用频率较高，所以本章将着重介绍单面建模的过程。

图 4.3

4.1.2 导入 CAD 图纸

在导入图纸之前必须对 3ds Max 进行一系列设置，导入的图纸也要进行一系列的整理操作，使其更加易于管理和满足建模的要求。

1. 单位设置

系统单位必须在创建场景之前设定好，否则会变换场景的尺寸。例如，在为系统单位设置毫米后，在场景中创建一个 5mm 见方的立方体，随后又将系统单位更改为 cm，这样原本是 5mm 见方的立方体的边长尺寸会放大 10 倍，所以现在就会变成 5cm 见方的立方体。系统单位的设置方法，如图 4.4 所示。

图 4.4

将系统单位设置为毫米的目的是保证 CAD 图纸导入到 3ds Max 后的尺度比例不变，因为国内 CAD 图纸规范都是采用毫米。

2. 导入 CAD 图纸

将系统单位设置完成之后，就可以导入 CAD 图纸了，导入 6 张图纸时要依次进行"成组"和"选择集"操作，以便于在制作过程中对其进行快捷地管理。

(1) 导入 DWG 文件的方法是通过选择【文件】|【导入】命令来实现的，在打开的【选择要导入的文件】对话框中，首先在【文件类型】的下拉列表中选择【AutoCAD 图形(*. DWG，*. DXF)】选项，再浏览配套光盘，在"场景文件"目录下面找到相应章节的目录打开，并双击"卧室地面. dwg"文件。

(2) 在弹出的【AutoCAD DWG / DXF 导入选项】对话框中选择"层、块作为节点层级"导入模式，然后单击【确定】按钮，即可完成导入操作，如图 4.5 所示。

图 4.5

(3) 将导入的图纸进行"成组"操作，并加入到"选择集"，首先框选导入的图形，通过选择【组】|【成组】命令，在弹出的对话框中对"组"进行规范化命名，然后单击【确定】按钮，即可完成对图纸的"成组"操作，如图 4.6 所示。

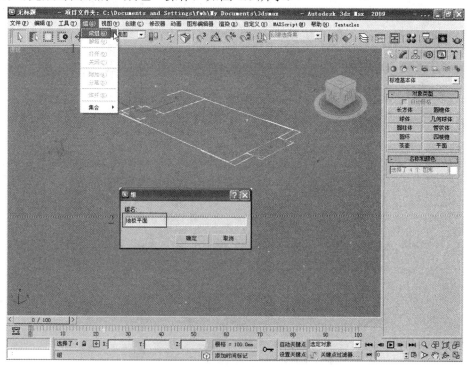

图 4.6

(4) 将图纸加入到"选择集"的方法是：选中刚才成组的图纸，这样会在【命令面板】中显示其名称，将名称进行复制，再到主工具栏上的【选择集】下拉菜单中进行粘贴，并单击 Enter 键即可完成操作，如图 4.7 所示。

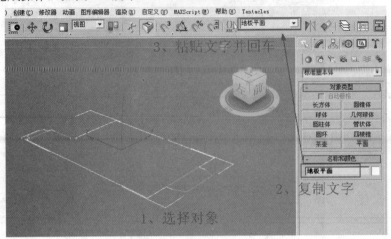

图 4.7

(5) 再次选中图纸，在主工具栏的【移动变换】按钮上右击，打开【移动变换输入】窗口，然后分别右击【绝对：世界】栏中"X，Y，Z"后面的微调按钮，这样就可以将其数值快捷地设为"0"，从而使图纸移动到世界坐标的中心位置，如图 4.8 所示。

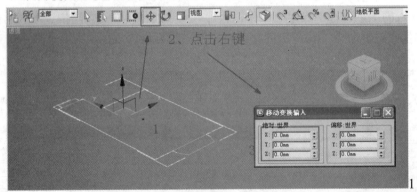

图 4.8

(6) 最后按照上述的方法，依次将其余 5 张图纸导入，并将其"成组"，添加"选择集"并移动到相应的位置，如图 4.9 所示。

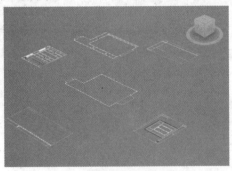

图 4.9

3. 设置捕捉并将图纸对齐

(1) 使用【2.5D 捕捉】工具将 4 个立面图和天花平面图同地板平面图在各自的方向上对齐。

(2) 使用工具将 4 个立面图纸分别旋转成图 4.10 所示的样子，并选择地板平面图，右击，在打开的菜单中选择【冻结当前选择】命令，如图 4.10 所示。

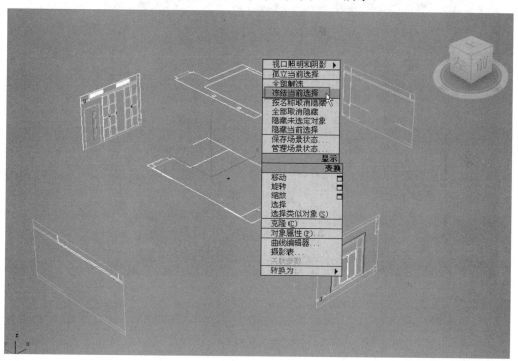

图 4.10

(3) 单击主工具栏上的【捕捉】按钮，在打开的下拉菜单中选择按钮，并在其上右击，打开【栅格和捕捉设置】窗口，具体设置如图 4.11 所示。

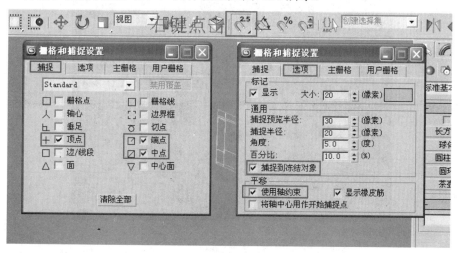

图 4.11

(4) 将视图最大化显示，选择"天花平面"对象，并按 Space 键对选择状态进行锁定，就不会失去对当前物体的选择，如果要再选择其他物体，可以再按 Space 键解除锁定。单击移动变换工具，并激活 X，Y 轴平面，再单击 按钮，如图 4.12 所示。

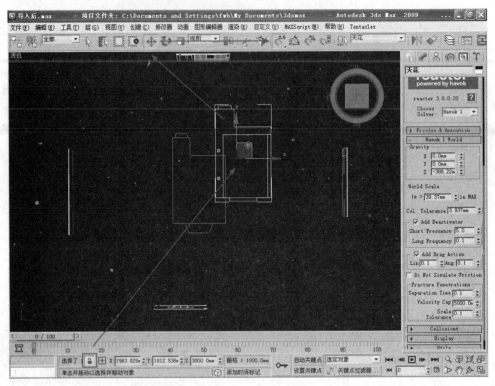

图 4.12

(5) 先将鼠标放置在"天花平面"的一个角点上，然后按住鼠标左键不放，将其拖曳到与"地板平面"相同的角点上，这时候捕捉系统会自动吸附在该点上，使两个角点精确地对齐，如图 4.13 所示。

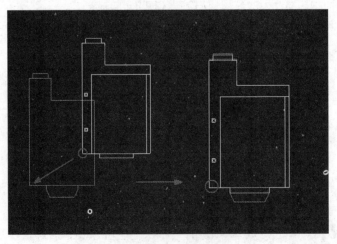

图 4.13

(6) 用同样的方法，把其他立面也一一对齐，最终结果如图 4.14 所示，操作视频见相应章节目录的"导入 CAD 图纸.avi"。

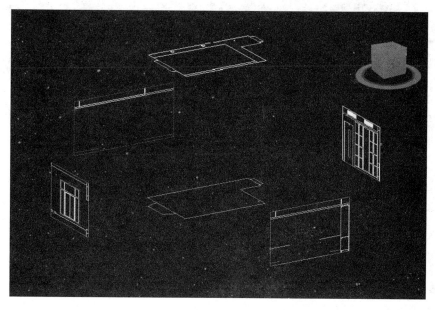

图 4.14

4.1.3　创建墙体框架

为了操作上的方便，可以把不需要出现在视口中的平面图都隐藏起来，只保留平面图即可。选择除平面图之外的所有图纸，右击，在弹出的菜单中选择【隐藏当前选择】命令，如图 4.15 所示。

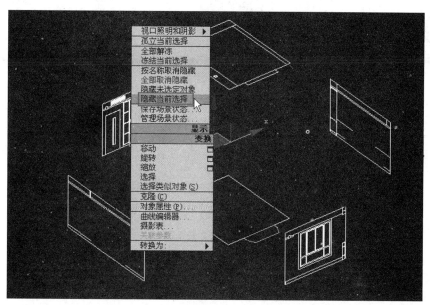

图 4.15

单击创建图形的线命令，按 S 键打开"2.5D 捕捉"开关，在顶视图中按如图 4.16 所示的顺序逐个绘制，创建出闭合曲线。

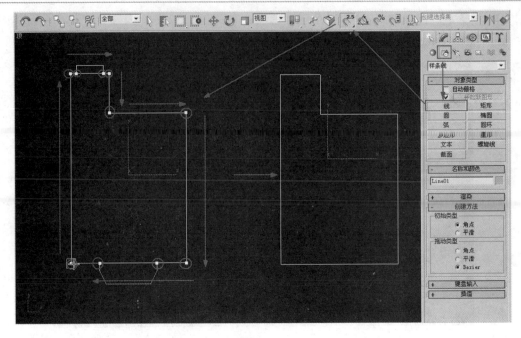

图 4.16

之后用多边形编辑的方法制作出整个墙体，详见视频，最终效果如图 4.17、图 4.18 所示。

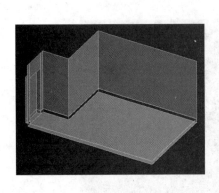

图 4.17   图 4.18

4.2 二维样条线建模

通过为二维线添加修改命令可以创建三维物体的模型，其运用范围广、灵活性强。本章主要讲解 3ds Max 中具有代表性的、经常使用的修改命令，并以图片分析的方式来促进和拓展读者的建模思维，从而使读者更有效地掌握该建模方法。

4.2.1 用【车削】命令建模

使用【车削】命令容易得到表面光滑、规则的多边形物体，尤其是能够非常简便地制作出关于中心对称的物体模型。此修改命令需要绘制一个二维图形，以一个轴向(如 X、Y、Z 其中的一个轴向)为旋转中心，通过旋转直接生成三维造型，这是非常实用的造型工具，大多数中心对称的物体都可以使用这种方法创建。

先来看一下车削的调整过程，如图 4.19 所示，先是创建出一根二维线，再添加【车削】修改器，通过调整轴向等动作完成整个花瓶的创建。

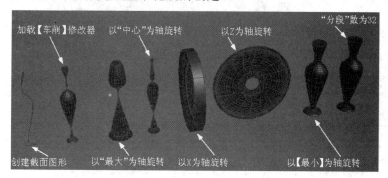

图 4.19

一个玻璃酒杯的制作步骤如下。

(1) 在前视图创建如图 4.20 所示的二维图形，注意用单线单击的方式来创建。

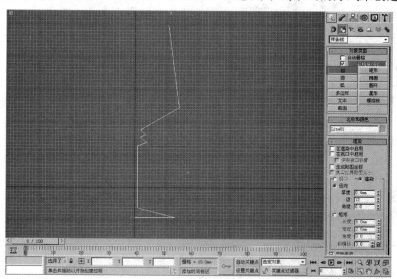

图 4.20

(2) 进入【修改命令】面板，对这个二维图形进行必要的修改，使之更加圆滑，进入【顶点】层级，选择如图 4.21 所示的顶点。

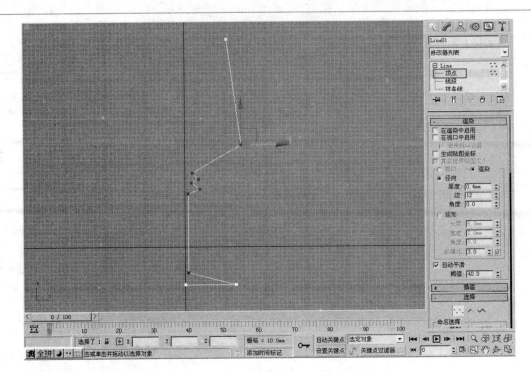

图 4.21

(3) 右击，把这些顶点都改为【平滑】方式，如图 4.22 所示。

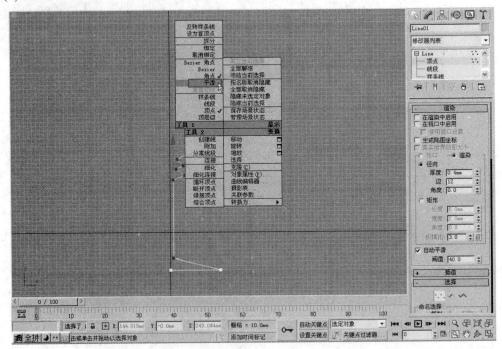

图 4.22

(4) 逐个调整顶点，如图 4.23 所示。

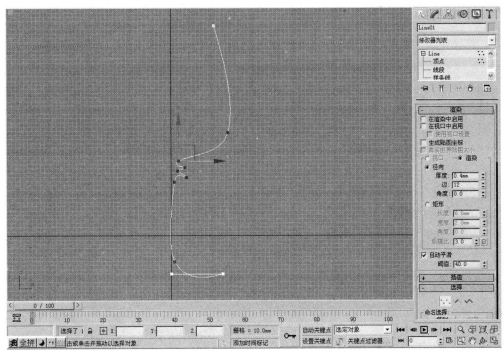

图 4.23

(5) 在调整的时候，要把顶点的属性改为"Bezier 角点"，最终结果如图 4.24 所示。

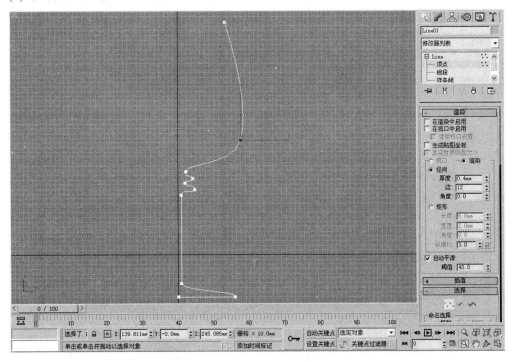

图 4.24

(6) 用【轮廓】命令做出厚度，如图 4.25 所示。

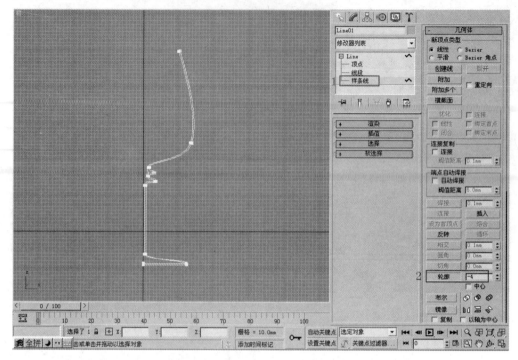

图 4.25

(7) 对一些产生错误的地方进行必要的调整。

① 首先把以下的几个顶点(黑色)删除，如图 4.26 所示。

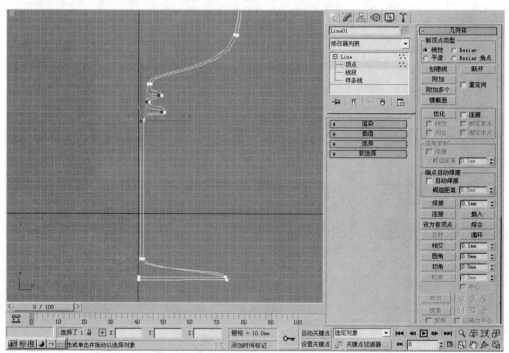

图 4.26

② 再把以下两个顶点(黑色)删除，如图 4.27 所示。

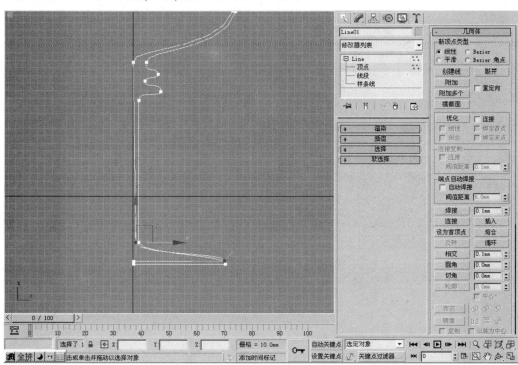

图 4.27

调整好的结果如图 4.28 所示。

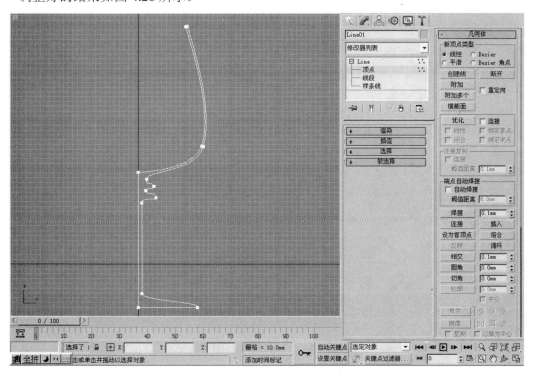

图 4.28

下面是杯口部分，调整成如图 4.29 所示的效果。

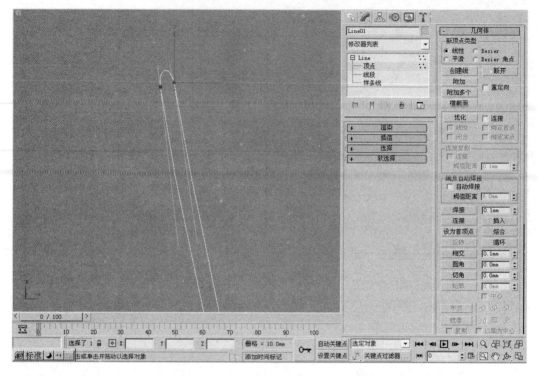

图 4.29

(8) 添加【车削】修改器，如图 4.30 所示。

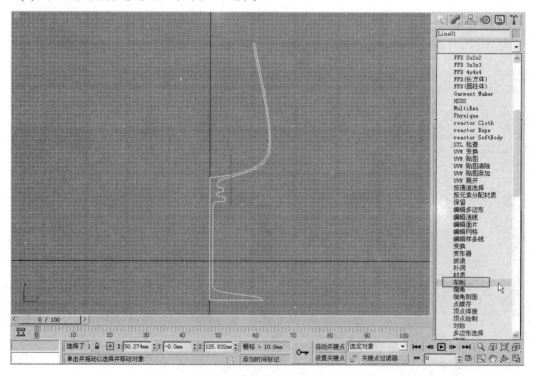

图 4.30

(9) 单击【对齐】选项区域中的【最小】按钮，如图 4.31 所示。

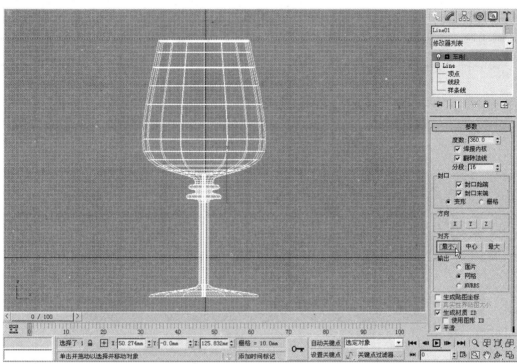

图 4.31

(10) 这样一来，就得到了一个杯子造型，如图 4.32 所示。

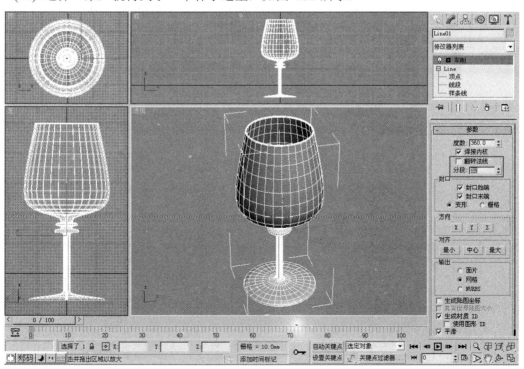

图 4.32

图 4.33～图 4.37 所示的都是通过【车削】修改器得到的造型。

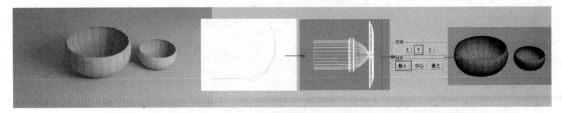

图 4.33

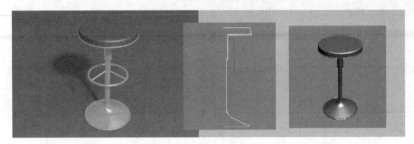

图 4.34

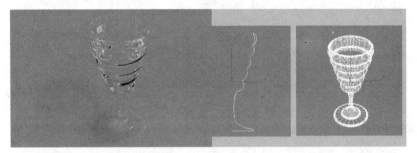

图 4.35

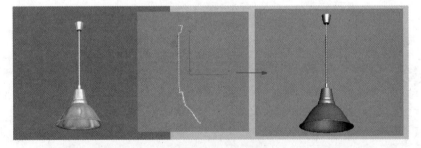

图 4.36

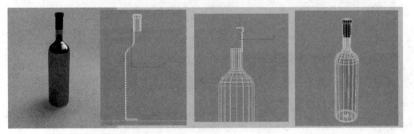

图 4.37

4.2.2 用【放样】命令建模

放样是通过创建一条放样路径,然后在路径上插入各种截面图形而形成三维物体的一种方式。随着 3ds Max 技术的不断完善,放样功能也大大增强,首先是截面图形与路径在放样后仍然可以进行编辑修改,其次是打破了许多限制,例如允许不同点数的单个或多个截面图形在一条放样路径上放样,连开发的曲线也可以作为截面图形引入到放样图形中,构造开发的表面,如图 4.38 所示。

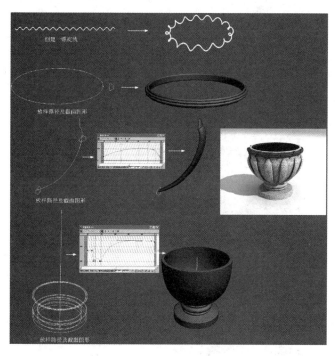

图 4.38

4.2.3 用【挤出】、【倒角】命令建模

【挤出】命令可以用来制作一些有厚度的家具和工业产品模型,使用方法非常简单,可以快速地把二维的样条线挤出成三维的实体造型,如图 4.39 所示。

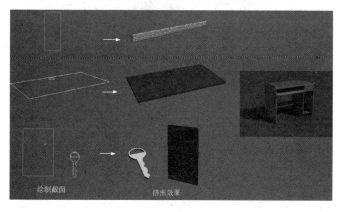

图 4.39

4.3　多边形建模

　　可编辑多边形命令是编辑网格命令中最常用的、功能最强大的命令，它本身的各项命令也包含其他修改命令的功能(如挤出、倒角、旋转等)，掌握好这些功能就能创造出各种丰富的模型，如图4.40所示。

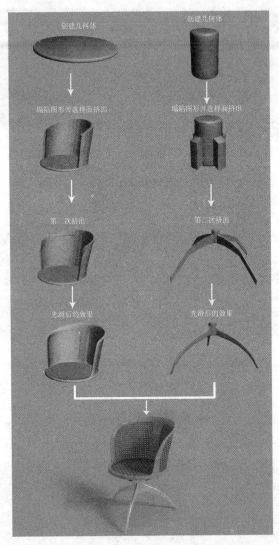

图 4.40

4.4　动力学建模

　　动力学建模是一种新兴的修改类建模方式，其在建筑表现、角色塑造等方面都有着广泛的应用，现在，一同来感受一下它的独特魅力吧！

4.4.1　自由的布料——衬布

衬布的效果如图 4.41 所示。

图 4.41

打开"场景模型\动力学建模\衬布场景.max"文件，如图 4.42 所示。

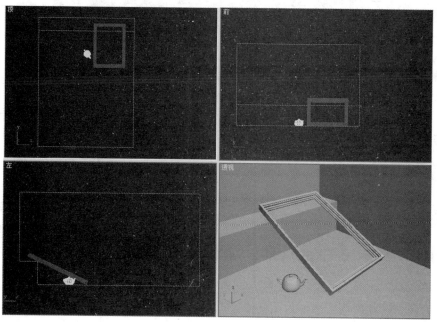

图 4.42

在顶视图中创建一平面物体，如图 4.43 所示，分段数要比较多，这样一来才能产生比较细腻的布纹。

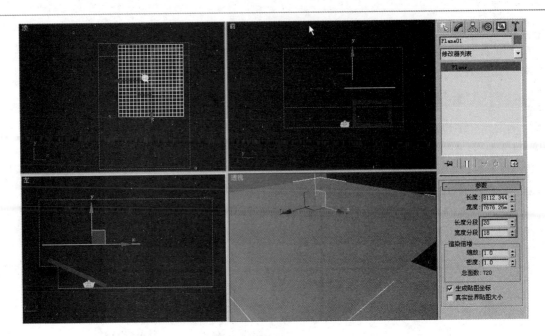

图 4.43

给该平面物体添加 reactor Cloth 修改器，并勾选"避免自身交叉(Avoid sdf-Intersections)"复选框，这样一来在布料运算时就不会有自身穿插的现象发生，如图 4.44 所示。

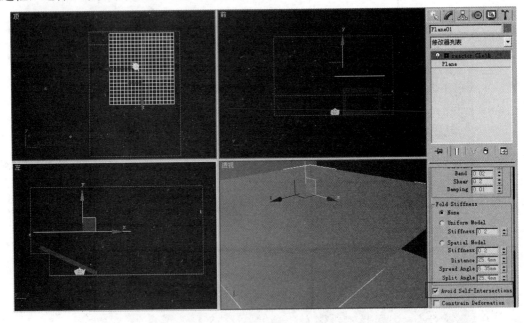

图 4.44

在没有失去对平面物体的选择的情况下，单击【动力学工具】面板中的 [图标] 按钮，这样一来，平面物体就被添加进了布料集合当中，也就是说，平面物体就具有布料的一些特性。布料集合的图标可以随便移动到一个不影响操作的地方。在布料集合的【修改命令】面板中可以看到平面物体已经被添加进来了，如图 4.45 所示。

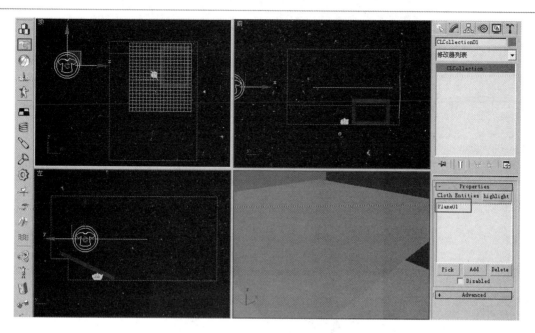

图 4.45

接着再选择除平面物体之外的其他 3 样物体：墙体、画框和茶壶，再单击【动力学工具】面板中的 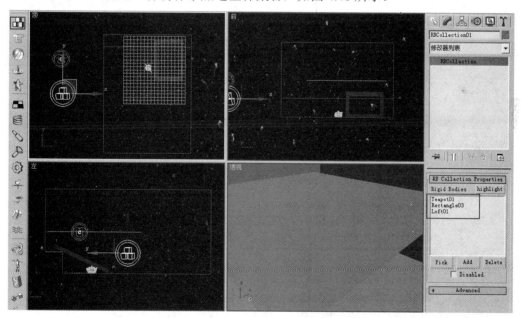 按钮，把这 3 样物体添加进全体集合，如图 4.46 所示。

图 4.46

选择墙体和画框物体，再单击【动力学工具】面板中的 按钮，把墙体和画框物体的动力学属性由 Mesh Convex Hull 改为 Concave Mesh，也就是由凸面体改为凹面体(知识点 DVD)，如图 4.47 所示。

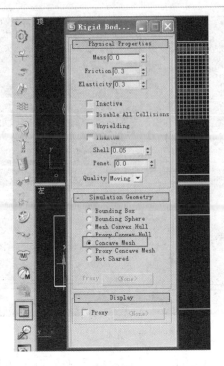

图 4.47

进入【工具】面板，单击 reactor 按钮，并单击【在窗口中预览(Preview in Window)】按钮，打开 Veactor Real-Time Preview 窗口，如图 4.48 所示。

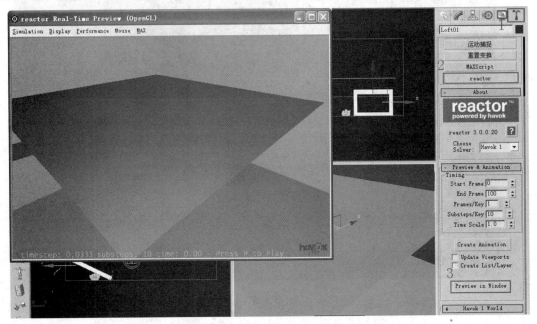

图 4.48

按 P 键，开始进行动力学运算，在运算时可以通过按住右键拖动的方式拖动布料，左键可以旋转观察，当得到一个比较满意的结果之后，再按 P 键结束运算，如图 4.49 所示。

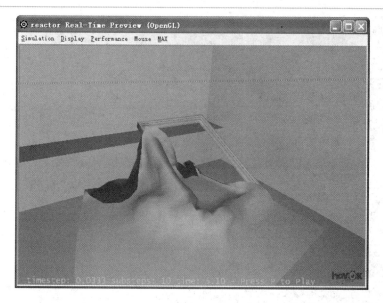

图 4.49

把模型更新到 MAX，如图 4.50 所示。

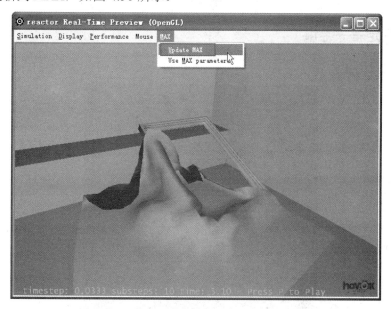

图 4.50

关闭 reactor Real-Time Preview 窗口，就得到了一个动力学的布料物体，注意，这时候平面物体依然没有厚度，要想得到有厚度的布料，可以给平面物体添加【壳】修改器，并使外部量尽可能小，如图 4.51 所示。

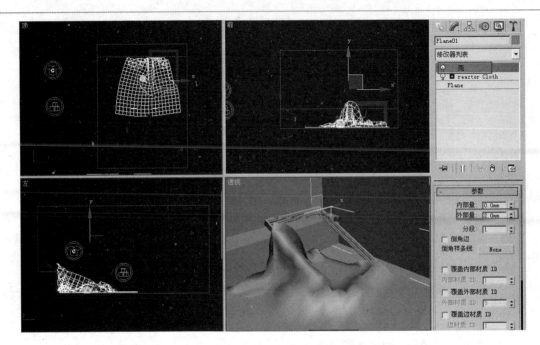

图 4.51

4.4.2 局部固定——毛巾

毛巾的效果如图 4.52 所示。

图 4.52

在前视图中创建一平面物体，注意分段数，尽可能地使平面的分段成为正四方形，如图 4.53 所示。

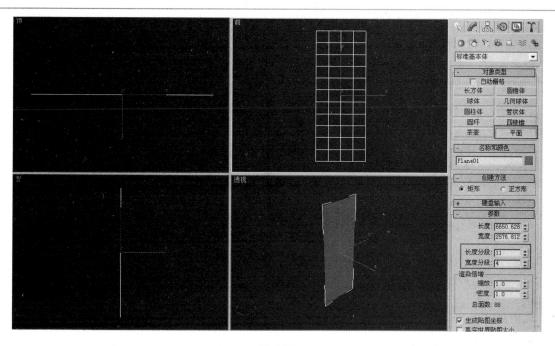

图 4.53

添加【细化】修改器，设置选代次数为 2，使得平面有更多的细节，如图 4.54 所示。

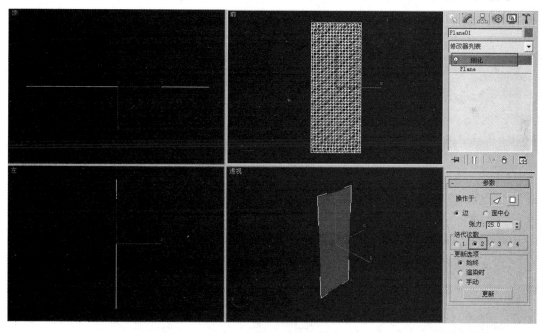

图 4.54

添加 reactor Cloth 修改器，并勾选【避免自身交叉(Avoid Self-Intersections)】复选框，如图 4.55 所示。

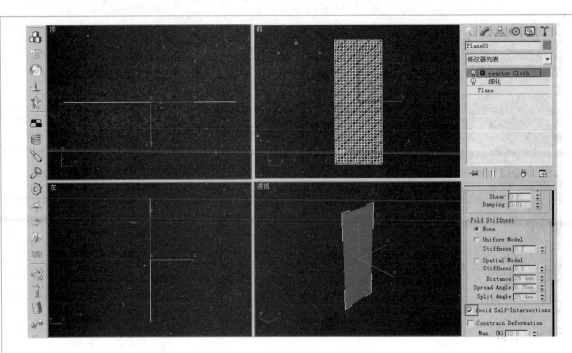

图 4.55

在没有失去对平面物体的选择的情况下，单击【动力学工具】面板中的 按钮，这样一来，平面物体就被添加进了布料集合当中，如图 4.56 所示，也就是说，平面物体就具有布料的一些特性。布料集合的图标可以随便移动到一个不影响操作的地方。

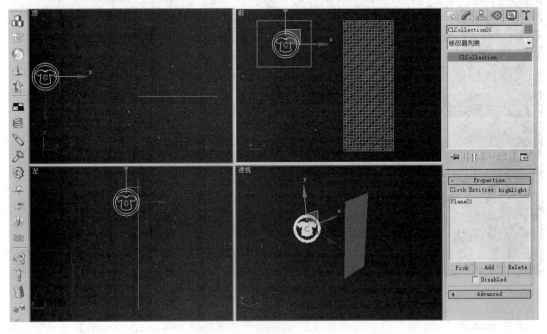

图 4.56

进入 Vertex 级别，并选择位于平面物体的中间部位的顶点，如图 4.57 所示。

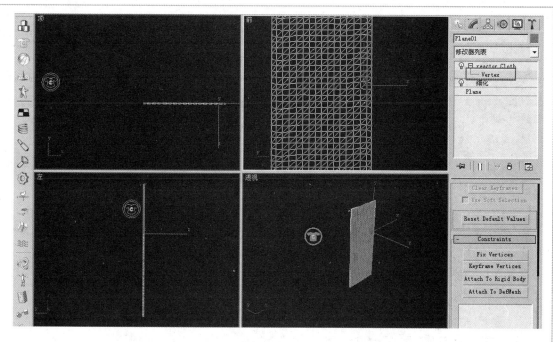

图 4.57

在 Constraints 卷展栏下，单击 Keyframe Vertices 按钮，把刚才所选择的顶点固定住，如图 4.58 所示。

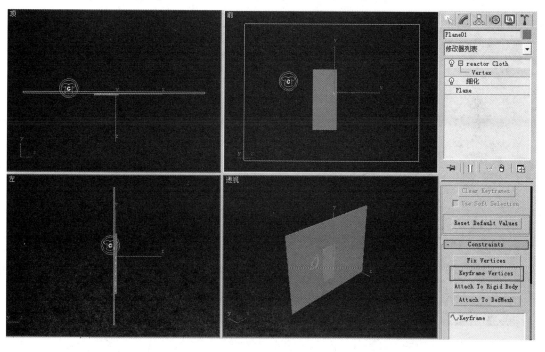

图 4.58

创建一长方体作为墙面，如图 4.59 所示。

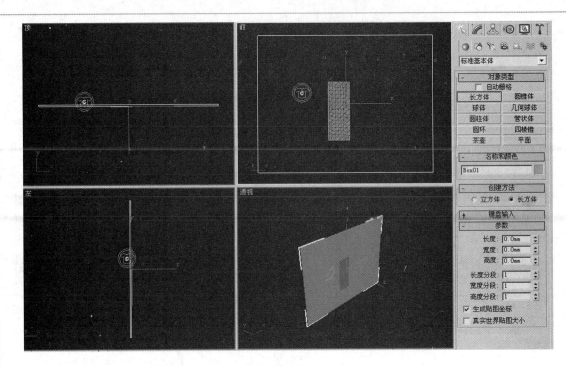

图 4.59

单击【动力学工具】面板中的 按钮，把长方体加入到全体集合中，如图 4.60 所示。

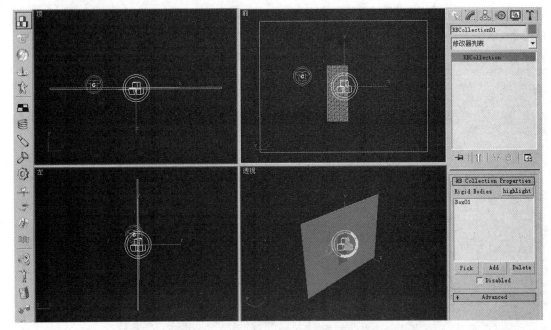

图 4.60

进入【工具】面板，单击 reactor 按钮，并单击在窗口中预览按钮(Preview in Window)，如图 4.61 所示。

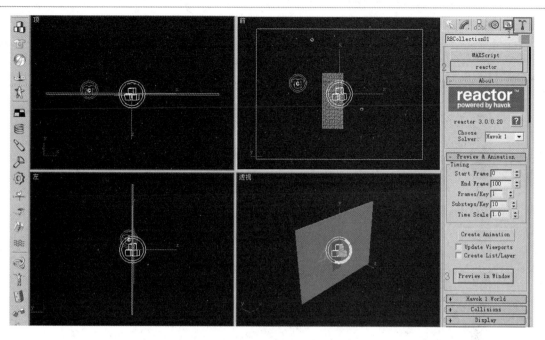

图 4.61

打开 reactor Real-Time Preview 窗口，并按 P 键，在一个合适的时间，再按 P 键，结束动力学计算，如图 4.62 所示。

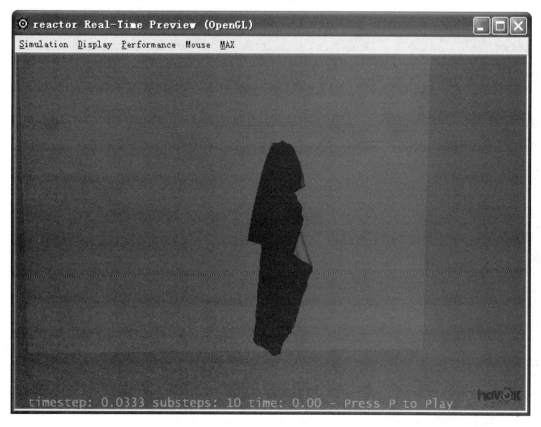

图 4.62

把模型更新到 MAX，如图 4.63 所示。

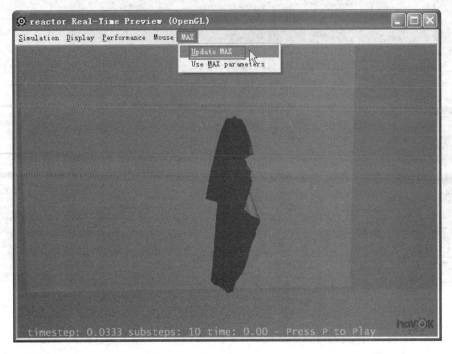

图 4.63

给物体添加【壳】修改器，并调整外部量，这样一来，单面的平面物体就有了厚度，如图 4.64 所示。

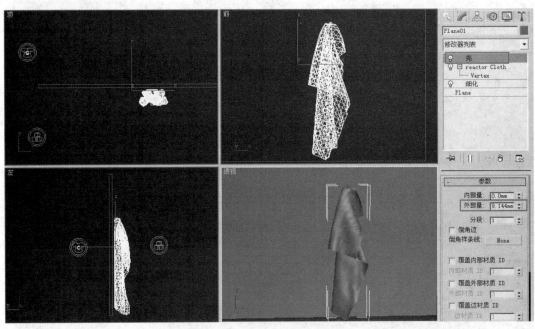

图 4.64

动力学的毛巾模型就制作完成了。

本 章 小 结

　　本章主要讲述了墙体框架模型的建立和室内常用模型的建模方法,主要讲述的技术是二维线建模当中的【车削】、【挤出】、【放样】命令和多边形建模方法、动力学建模方法。这些技术都是在做效果图时常用的建模技术。虽然讲述的案例不多,但只要掌握了制作理念,就可以制作出其他各种形态的模型。

习 题

实操题

　　1. 用【车削】命令制作出如图 4.65 所示的一个壁灯造型。

　　2. 用【放样】的方法制作出如图 4.66 所示的罗马柱造型。

图 4.65　　　　　　　　　　　　　　　　　　图 4.66

　　3. 用【挤出】的方法制作出如图 4.67 所示的建筑体模型。

　　4. 用动力学建模的方式建立如图 4.68 所示的窗帘模型。

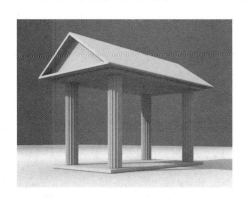

图 4.67　　　　　　　　　　　　　　　　　　图 4.68

第 5 章　室外建模应用

SketchUp 是一个极受欢迎并且易于使用的 3D 设计软件，官方网站将它比喻作电子设计中的"铅笔"。它的主要特点是使用简便，人人都可以快速上手。本章主要通过两个实例分别讲解用 SketchUp 建立墙体框架模型和高层建筑模型的方法。为了让读者能尽快熟悉 SketchUp 的操作，使用了大量的视频来帮助读者学习。

本章重点：

1. 熟悉掌握 SketchUp 的基本操作

2. 熟练掌握 SketchUp 建立室外模型的方法

3. 熟练掌握 SketchUp 模型导入到 3ds Max 中的方法

5.1 SketchUp 基础入门

5.1.1 SketchUp 简介

SketchUp 软件又称草图大师，但 SketchUp 的功能并不仅限于制作设计草图，它完全具备在空间精确制图的能力。SketchUp 是以一种全新的理念来创建三维模型的设计工具，其发展过程也是根据设计工作者的需要来进行改进的。不同于其他三维设计软件，它允许使用者更多地注意设计，而不用过于注重软件的技术。大多数的 SketchUp 使用者都发现简短的示例就可以让他们得心应手地应用 SketchUp。目前，网上有大量的操作视频，本书的配套光盘中也有大量的 SketchUp 基本操作视频。

SketchUp 软件应用的过程既有徒手绘画的直观和易操控性，又有可与 AutoCAD 相媲美的精确性。SketchUp 是一个智能化的产品，其建模系统独有"基于实体"和"精确"的特性，都使它避免了其他一些三维软件要求用户输入种类繁多的指令的操作。SketchUp 的智能化和简洁性可以使用户方便地频繁修改设计，却不必在操作上浪费太多的时间。大量的操作就类似于图 5.1 所示的简单过程，画出面——推拉出实体——修改出造型。所用到的命令无非是矩形、线和推拉工具。

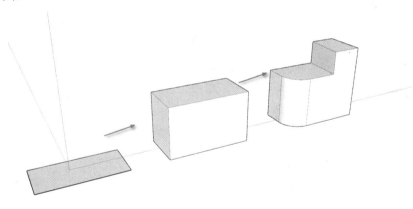

图 5.1

SketchUp 可以非常流畅地与其他制图软件进行衔接，例如 3ds Max 软件。这给 SketchUp 在实际工作中的应用带来了极大的便利，用户在方案阶段建立的模型可以导出成.3ds 格式，可方便地导入 3ds Max 软件中进行修饰和渲染，并直接应用于投标文件中。

5.1.2 SketchUp 工作界面介绍

SketchUp 软件的操作界面非常简单，启动之后的界面如图 5.2 所示，这是一种三维的显示模式。可能刚开始进入该界面不会很习惯，可以选择【窗口】|【参数设置】命令，在弹出的【系统属性】对话框中选择【模板】选项，从中选择以毫米为单位的 2D 模式，退出 SketchUp 软件，再启动，就会以 2D 的方式显示，这样更符合人们的建模习惯，即先从 2D 图形开始，再塑造成 3D 实体。

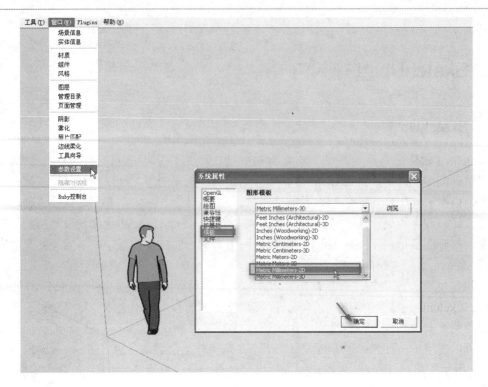

图 5.2

该界面非常简单，除了【菜单栏】之外，就只有【工具栏】、【操作区】、【信息提示区】和【输入框】，如图 5.3 所示。

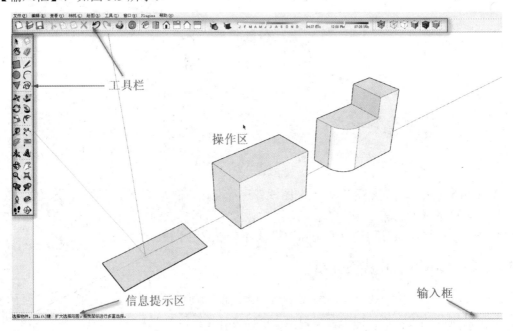

图 5.3

工具栏的显示或者隐藏可以通过选择【查看】|【工具栏】命令来控制。需要使用什么工具就单击该工具，在信息提示区会出现操作提示，在输入框中可以输入具体的数值，如图 5.4 所示。

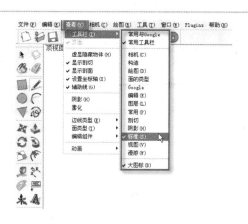

图 5.4

比如需要绘制一个 3m×4m 的一个矩形，操作如下。

首先选择【窗口】|【场景信息】命令，设置系统的单位为十进制毫米单位，单击矩形工具将其激活，在信息提示区就会出现：请选择最初的角。在屏幕上单击创建出矩形的初始角之后，信息提示区接着提示下一个操作：请选择对角或输入数值。可以创建出对角，松开鼠标之后，在小键盘中输入 3000、4000，按 Enter 键确定，3m×4m 的矩形就创建完成。注意在输入数值的时候，不需要单击输入框的位置，直接输入数值就可以了。

5.2 SketchUp 创建建筑框架模型

创建建筑框架模型的步骤如下。

(1) 首先把 CAD 的平面图纸：家.dwg 文件导入到 SU 中，选择【文件】|【导入】命令，按如图 5.5 所示设置选项。

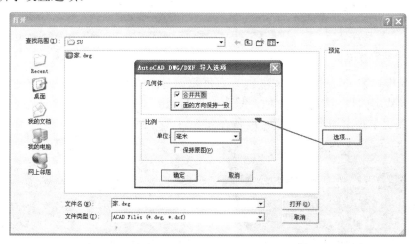

图 5.5

(2) 把所有的线条都选择上，右击，创建群组，按住 Ctrl 键，移动复制出一份新的平面图，如图 5.6 所示，在这个新的平面图纸上修改，得到墙体。

(3) 右击，把成组的线展开，刚导入进来的线是没有连成面的，只要用【画线】工具按钮连接一下，把没有连成面的地方都画一遍就可以了，如图 5.7 所示。

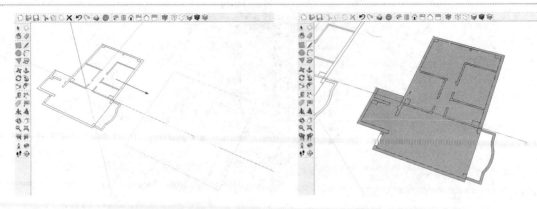

图 5.6　　　　　　　　　　　　　　　　图 5.7

(4) 利用【推拉】工具 ，把墙体推拉出 3000mm 的高度，效果如图 5.8 所示。

(5) 把多余的线条删除，这样可以保证在导出到 3ds Max 时有最小的数据量，要养成随时清理多余线条的好习惯。

① 大门口部分的门高 2.2m，其他房间门高为 2m，利用【辅助测量线】工具 先画辅助线，利用【画线】工具 在辅助线的地方画线，如图 5.9 所示。

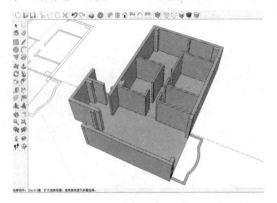

图 5.8　　　　　　　　　　　　　　　　图 5.9

② 利用【推拉】工具 将画出的线一直推拉到对面的墙上面，如图 5.10 所示。

③ 设计其他房门也用相同的方法，只是高度为 2m。

(6) 在主人房中画出测量辅助线，准备在图 5.11 所示的地方开窗户。

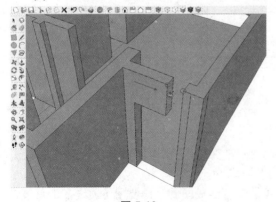
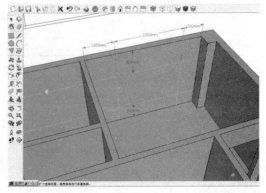

图 5.10　　　　　　　　　　　　　　　　图 5.11

① 锁住交点，绘制出矩形，向外面把窗户洞推出来，如图 5.12 所示。

② 转到房子的外面，在窗户的位置画一个矩形，向外推拉出 500mm 的飘窗，如图 5.13 所示。

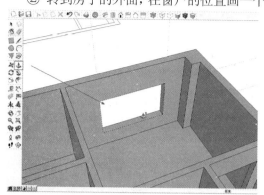
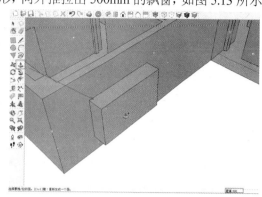

图 5.12   图 5.13

③ 为了不影响操作，选择不需要看到的面，按 H 键，隐藏起来。按如图 5.14 所示的尺寸画出辅助线。

④ 按辅助线绘制线条，并按 50mm 的距离偏移复制出边，如图 5.15 所示。

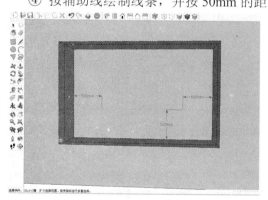
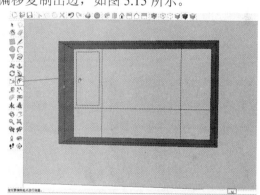

图 5.14   图 5.15

⑤ 在玻璃的位置，向外面推进去 10mm 做出玻璃，如图 5.16 所示，之后把多余的线条删除。

⑥ 做出玻璃的封条，用【偏移】工具偏移出 5mm，再用【推拉】工具往外推出 5mm，如图 5.17 所示。

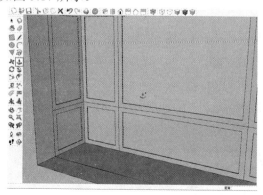
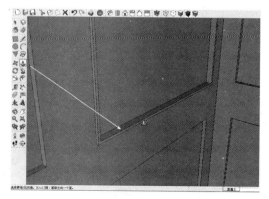

图 5.16   图 5.17

5.3　SU 高层建筑模型

5.3.1　工作流程

1. 推敲建筑体块

　　这一阶段非常重要，只有大体块的体积大小、位置关系都准确了，才谈得上继续深入刻画。所以说，这一阶段关系到最终的整体效果，有时候需要反复多次才可能调整到满意，图 5.18 所示为大体块的效果。

2. 在立面上开门洞和窗洞

　　在这个阶段中关于组件功能的运用非常频繁，一定要牢固掌握。开完门洞和窗洞的效果如图 5.19 所示。

3. 处理建筑细部

　　建筑的细部主要是指门窗的细节和玻璃幕墙的细节，这时因为场景的模型比较多，要经常注意模型的显示和隐藏操作。处理细部后的效果如图 5.20 所示。

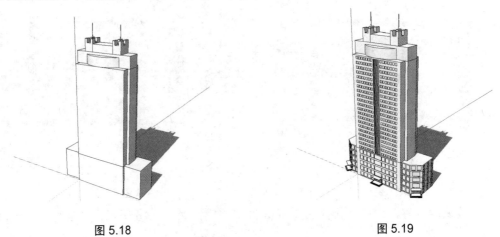

图 5.18　　　　　　　　　　　　　　　　　　图 5.19

图 5.20

5.3.2 第一阶段：推敲建筑体块

(1) 从平面开始，首先设置系统的单位为毫米，在坐标原点位置绘制一个矩形(20000，41000)，如图 5.21 所示。

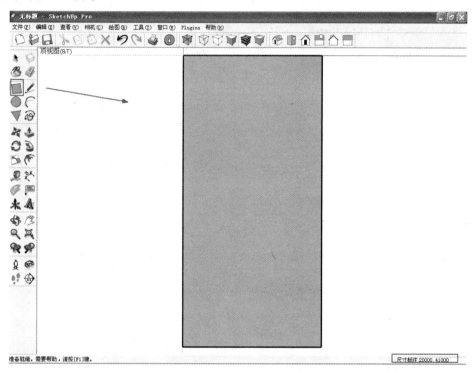

图 5.21

(2) 双击矩形，选择面域和边，右击，定义为组件"群房-主"，再绘制一个矩形(18500,14000)，同样定义为组件，命名为"群房-侧"，摆在图 5.22 所示的位置。

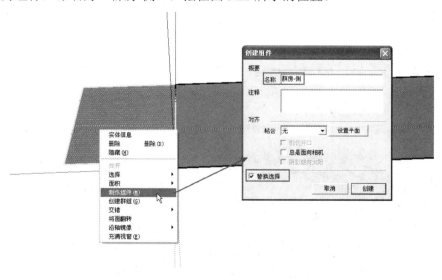

图 5.22

移动复制新组件到另外一侧，注意是按住 Ctrl 键，用【移动】工具 ，右击新复制出来的"群房-侧"组件，选择沿绿轴镜像。

(3) 用【推拉】工具 ，生成体块。首先双击进入"群房-主"组件的编辑状态，向上推拉出 22500mm，在组件外单击，退出组件的编辑状态，同样进入"群房-侧"组件，也推拉出相同的高度 22500mm，如图 5.23 所示。

(4) 进入建筑主体的体块的编辑。在中间"群房-主"组件的顶面捕捉端点绘制出矩形面，向上推拉出 69300mm，单击主体体块，右击，定义为组件"主体"，如图 5.24 所示。

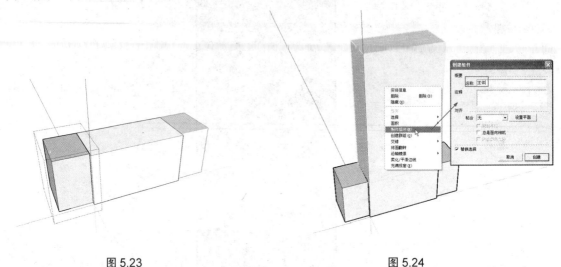

图 5.23   图 5.24

(5) 在主体体块的侧面绘制矩形(10000，2000)，向上推拉出 69300mm，定义为组件"楼梯间"，复制到另外一边，选择沿绿轴镜像，如图 5.25 所示。

(6) 绘制出顶层体块，用【矩形】工具绘制矩形面(45000，10000)，向上推出 8600mm，定义为组件"顶层"，如图 5.26 所示。

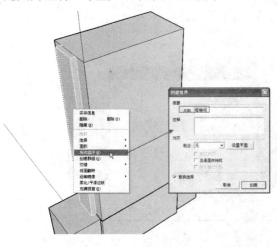 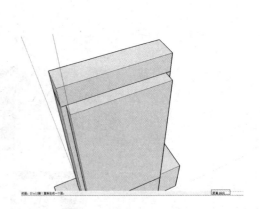

图 5.25   图 5.26

(7) 在顶层的前端离主体边缘 7000mm 的位置上绘制辅助线，捕捉辅助线与顶层体块的交点，用【圆弧】工具绘制圆弧，用【画线】工具 连线封面，如图 5.27 所示。

向上推出 6800mm，如图 5.28 所示。

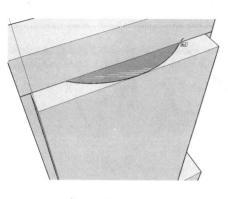

图 5.27

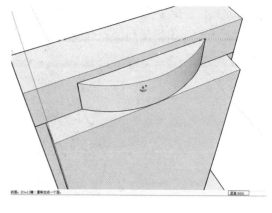

图 5.28

(8) 绘制出图 5.29 所示，尺寸的一电梯设备间组件。

(9) 绘制出如图 5.30 所示尺寸的电梯设备间侧，并复制出另一侧，选择沿绿轴镜像。

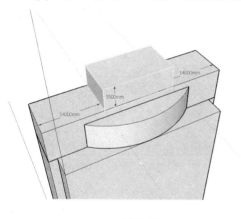

图 5.29

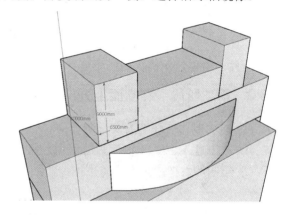

图 5.30

(10) 对电梯设备间侧进行细节处理，在图 5.31 所示，位置绘制出相应尺寸的矩形，并向下推拉出 3000mm。

(11) 继续画线封面，向下推拉出如图 5.32 所示的结构。

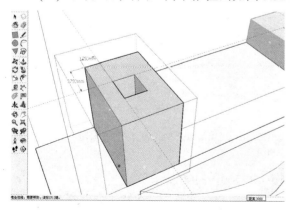

图 5.31

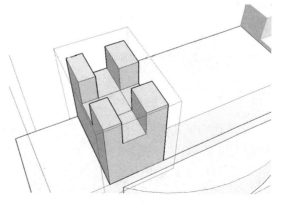

图 5.32

(12) 绘制夜航提示灯的灯杆：在中心位置绘制半径为 200mm 的圆形，段数为 5，向上推出 5000mm，使用【偏移】工具复制 偏移复制上端面 50mm，继续向上推出 5000mm，用相同的方式再推出第 3 层高度为 3000mm，如图 5.33 所示。

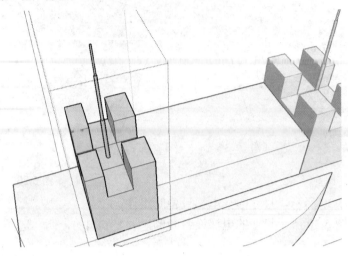

图 5.33

至此，整体建筑体块制作完成。

5.3.3 第二阶段：在立面上开门洞和窗洞

(1) 首先制作一面墙的窗户洞。

① 双击进入"群房-侧"进行编辑，按图 5.34 所示绘制辅助线。

② 绘制线，把三角部分向下推掉，如图 5.35 所示。

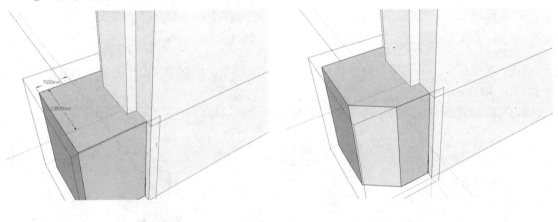

图 5.34   图 5.35

③ 选中下底面的边线，向上复制，间距为 4500mm，输入 4x，完成 1 到 5 层间线的绘制，如图 5.36 所示。

④ 按如图 5.37 所示绘制两条辅助线，绘制矩形(2700，3300)。

⑤ 选择矩形，向里推进 200mm，用框选的方式将窗户全部选中，注意不要选择到其他部位，定义为组件，如图 5.38 所示。

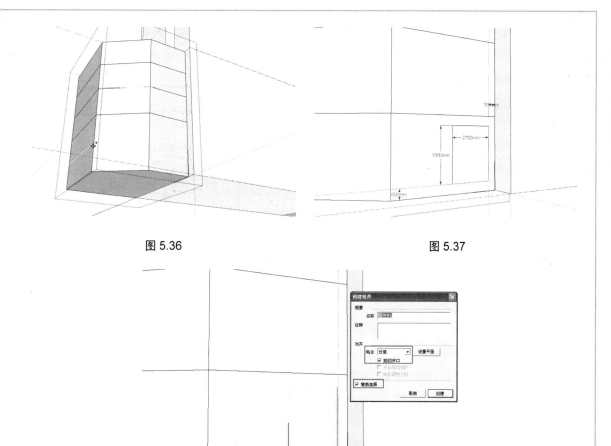

| 图 5.36 | 图 5.37 |

图 5.38

⑥ 移动复制，间距 3300mm，同时选择两个窗户，向上复制，间距 4500mm，输入 4x，如图 5.39 所示。

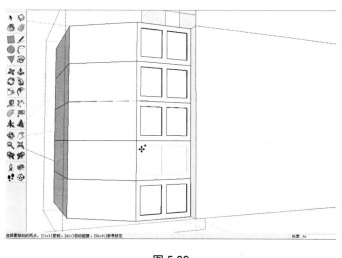

图 5.39

这样，就完成了这一面墙的窗户洞制作。其他窗户都做相同的处理，操作起来还是非常简单的。

(2) 中间裙房的窗洞和门洞的制作。

① 参数设置如图 5.40 所示。

② 两窗横向间距 3525mm，竖向间距 4500mm，得到图 5.41 所示结果。

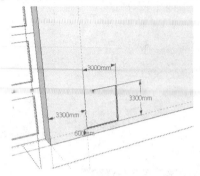

图 5.40

图 5.41

(3) 中间的长条窗的制作。距离左右窗距离为 400mm，高度相同，如图 5.42 所示。

(4) 门口的台阶的制作。

① 宽度为 300mm，如图 5.43 所示。

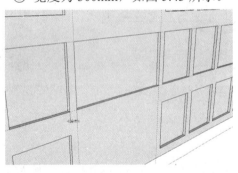

图 5.42

图 5.43

② 选择下表面的边线，向上复制，间距离 150mm，输入 3x，如图 5.44 所示。

③ 从下往上分别推出 1200mm，900mm，600mm，300mm，如图 5.45 所示。

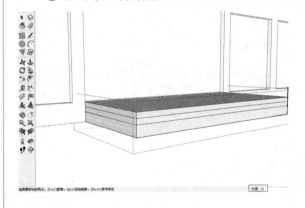

图 5.44

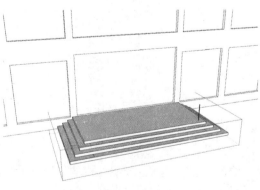

图 5.45

(5) 制作建筑主体的窗洞。

① 参数设置如图 5.46 所示。

<table>
<tr><td>图 5.46</td><td>图 5.47</td></tr>
</table>

② 制作成组件之后复制，如图 5.47 所示。

(6) 绘制弧形玻璃幕墙。

① 先测出 900mm 的辅助线，在图 5.48 所示的位置画出一弦长 4400mm，弦高 500mm 的圆弧，段数量为 12。

② 连接线封面，推拉出 67800mm 的高度，如图 5.49 所示。

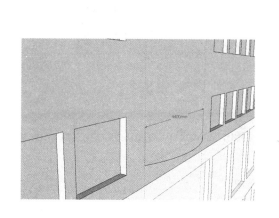
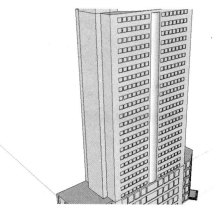

<table>
<tr><td>图 5.48</td><td>图 5.49</td></tr>
</table>

(7) 制作装饰方柱。

① 捕捉窗口的端点，绘制一个(600，300)的矩形，定义为组件，双击进入组件内部进行编辑，向前推拉出 300mm，如图 5.50 所示。

② 再将顶面向上推拉，直到建筑物体的顶部，再向上推出 300mm，画线分面之后，推拉到墙体，如图 5.51 所示。

③ 在顶部位置再做出如图 5.52 所示的一些细节。

④ 装饰柱制作完成，开始复制，间距为 2100mm，如图 5.53 所示。

图 5.50　　　　　　　　　　　　　　　　图 5.51

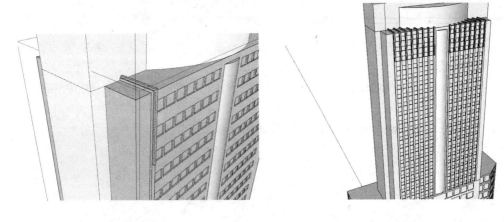

图 5.52　　　　　　　　　　　　　　　　图 5.53

(8) 制作侧面楼梯间的窗。

① 进入"楼梯间"的组件，居中绘制一个矩形(1500，58800)，如图 5.54 所示。

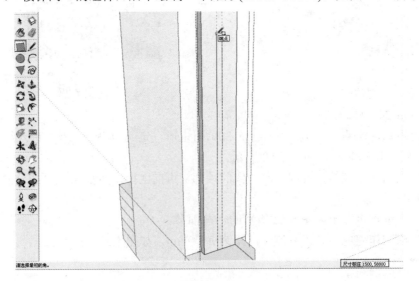

图 5.54

② 向里推 200mm，定义为组件，再绘制辅助线，在刚完成的长条窗的上方 1500mm 的位置，和距离两边 1000mm 的位置，绘制一个矩形(8000，8000)，如图 5.55 所示。

③ 选中矩形，向里推拉出 500mm，定义为组件，如图 5.56 所示。

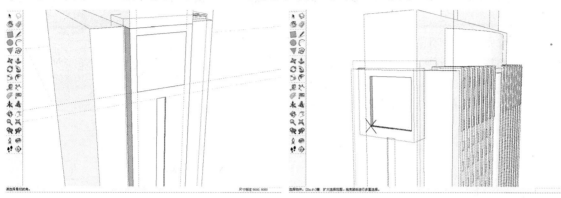

<table>
<tr><td>图 5.55</td><td>图 5.56</td></tr>
</table>

④ 选择内部的边线，按住 Ctrl 键等比缩放 0.9，如图 5.57 所示。

(9) 制作建筑物体的顶部构件。

① 按如图 5.58 所示的方法编辑，辅助线距离边线 1000mm，向里推出 1000mm。

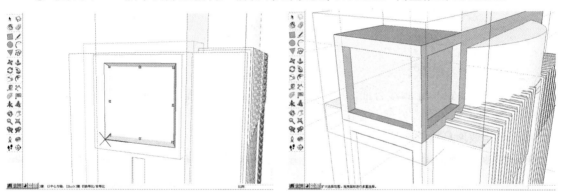

<table>
<tr><td>图 5.57</td><td>图 5.58</td></tr>
</table>

② 继续往里把面推掉，删除多余的边，另一侧做相同的处理，如图 5.59 所示。

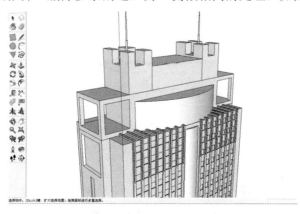

图 5.59

5.3.4 第三阶段：处理建筑细部

这一阶段主要是处理门窗的细部和玻璃幕墙的细部，还有雨篷的制作和整体建筑的线脚制作。

(1) 首先从群房的窗开始。

① 双击进入"群房"组件，选择其中的一个窗户，再双击进入窗户的编辑状态，如图 5.60 所示。

② 选择中间的面，向内偏移复制 80mm，再向前推出 80mm，先做出大窗框，如图 5.61 所示。

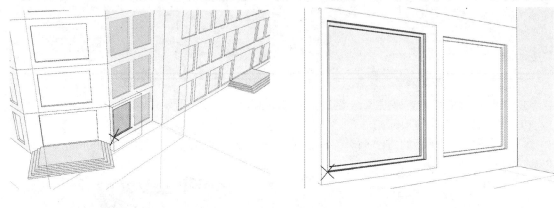

图 5.60　　　　　　　　　　　　　　　　　图 5.61

③ 按如图 5.62 所示画线分面，中间间距为 50mm，向外推出 50mm，如图 5.62 所示。其他窗户也依此方式处理，在此不赘述。

(2) 制作玻璃幕墙的框架。

① 先制作横格，进入组件的编辑状态，用【偏移复制】工具，向外复制 50mm，如图 5.63 所示。

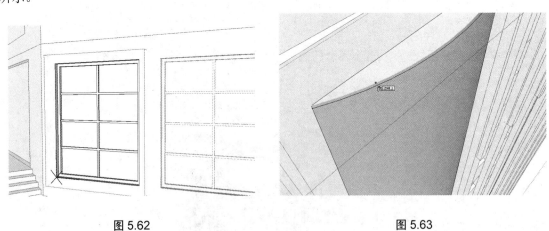

图 5.62　　　　　　　　　　　　　　　　　图 5.63

② 用【画线】工具连接两弧线的端点，并成组件，推出厚度，如图 5.64 所示。

③ 退出组件，开始对次横框进行复制，首先向下复制，间距为 1800mm，再向下一次 900mm，同时选择 3 个框，向下复制，间距为 3300mm，输入 20x，如图 5.65 所示。

图 5.64　　　　　　　　　　　　　　　　　　　图 5.65

④ 制作竖框，首先制作出一根，尺寸为 50mm×50mm×67800mm，如图 5.66 所示。

⑤ 把所有的物体都隐藏起来，留下图 5.67 所示的物体。

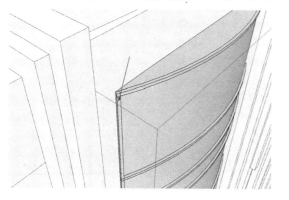

图 5.66　　　　　　　　　　　　　　　图 5.67

⑥ 选择弧线，右击，找出圆弧的圆心，如图 5.68 所示。

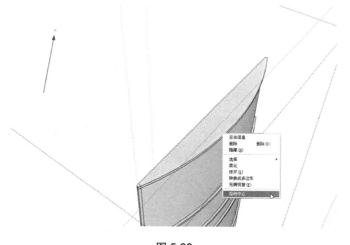

图 5.68

⑦ 选择竖框，再单击【旋转】工具 ⟳ 按钮，把鼠标移动到圆心，按住 Ctrl 键，移动到弧

的对面，输入 6/，得到图 5.69 所示的效果。

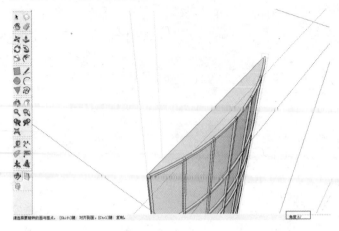

图 5.69

框架制作完成，整体效果如图 5.70 所示。

其他两个幕墙的制作方法类似。

(3) 门框的制作比较简单，图 5.71 所示的造型供参考。

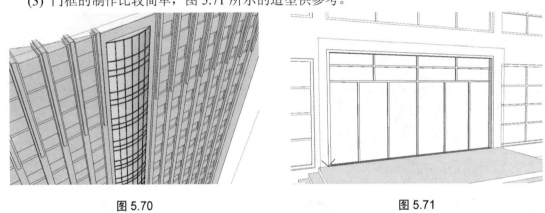

图 5.70   图 5.71

(4) 制作雨篷。

① 制作 6750mm×3000mm×300mm 的一个雨篷整体造型，用【圆弧工具】绘制出如图 5.72 所示的弧形。

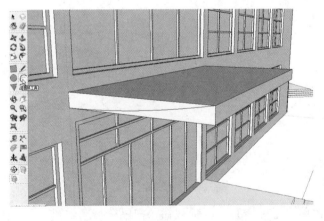

图 5.72

② 用【推拉】工具把下面部分推掉，并增加上表面的厚度，如图 5.73 所示。

③ 绘制出装饰条，如图 5.74 所示。

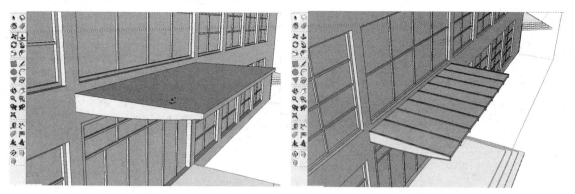

图 5.73　　　　　　　　　　　　图 5.74

④ 制作线角，如图 5.75 所示。

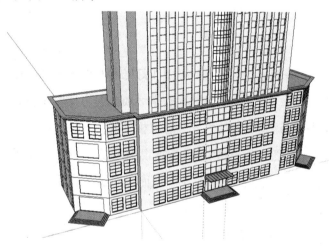

图 5.75

本 章 小 结

通过学习 SU 的框架建模实例和高层建筑模型实例，应该对运用 SU 建立建筑模型比较熟悉了，它的建模流程简单明了，就是画线成面，而后挤压成型，这也是建筑建模最常用的方法。

习 题

操作题：

使用 SketchUp 软件建立一栋校园的建筑物的模型。对校园中的建筑实物的细节进行拍照，建筑物的类型任意选择。并在建模时对照照片进行建模，做出建筑物的结构细节部分。

第5章 材质设置基础

在效果图的表现当中，精细的模型和灯光固然重要，但是材质贴图也起到了举足轻重的作用。材质的制作过程非常烦琐，因为材质本身是一个不断调节的过程，材质的表现与场景的灯光是息息相关的，一般情况下都是在没有布置灯光之前，凭着作图经验先将每个材质和贴图设置好，然后在调节灯光的过程中，再对材质进行不断地改进和完善，从而达到最终效果。

本章重点：

1. 了解材质的基本概念

2. 了解材质编辑器的基本使用及材质的基本属性调整方法

3. 了解贴图的作用

4. 掌握影响材质效果的重要因素有哪些

6.1 材质的基本概念

材料与质感是构成物体的物质和最后的感观效果，这是现实生活中对材质的定义。现实生活中的材质太丰富了，三维软件中会有这么多种材质吗？显然，软件中会有足够丰富的材质，但不是把现实生活中的各种材质存储在软件中，而是提供几种全能的材质，在这几种全能材质的基础上，可进一步地去编辑材质，从而可以得到想要的任何材质类型，比如，如果系统提供了一个普通的塑料材质，那么改变这个塑料材质的透明属性就可以快速得到一个类似玻璃的物体；在塑料材质的表面贴上铁锈的图片，再改变点反射属性，就得到了一个金属材质等。

材质是设计编辑出来的，而不是依靠 3ds Max 自身存储足够丰富的材质。在"编辑"的时候需要一个编辑的场所：【材质编辑器】。这一节的目的是了解 3ds Max 中材质的作用和基本构成，对材质有一个基本的了解。

6.1.1 材质的概念

与现实生活中材质的理解不同，3ds Max 中材质就是模型的一个渲染属性，也就是说只有通过最后的综合计算(即渲染)才能反映出来，在渲染之前，需要对模型的渲染属性做很多工作，也就是编辑材质。

说到材质，首先想到的是生活中常见的东西，如瓷器、地砖、砖、石头、玻璃、半透明的塑料制品和纸制品等材质，多是看得见摸得着、有明显图案与色彩、掷地有声的材质。然而在 3ds Max 中，材质的表现范围要大得多，任何一个看得见的对象都需要指定材质，包括云、火、雾、发光的灯管等。

当在计算机的虚拟空间中凭空制作出一件栩栩如生的物品时，需要仔细刻画物品的每一个细节，例如高光的强度、表面颜色、表面的粗糙程度、透明度等，这时候便会感叹现实中生活的丰富、细腻。对生活中的一草一木都充满爱心是制作出好作品的前提。一个完成材质设置后的三维模型在渲染时会呈现出丰富的表面材质效果。

6.1.2 材质的作用

材质的作用是使模型的表面具有与真实物体相同的色彩、图案以及各种材质属性，最终在渲染中表现出来。

色彩与图案是材质最基本的属性，在 3ds Max 的材质中色彩与图案是不同的概念，而在现实生活中色彩与图案之间的区别却不明显，例如"黄色的楠木桌子"，桌了给人们的整体感觉是黄色的，但谁都清楚，里边包含有浅棕色的木纹，在制作这个木制材质时，是使用单独的黄色还是使用贴图呢？这应该取决于最后的视觉效果，如果桌子一直离我们很远，桌腿都看不清楚，有棕色的木纹又有什么用？所以这时候就只需要用黄色来表现就可以了。相反，如果是特写，不但要有木纹图案，还要加进去一些污迹油迹类的东西，这时只有使用的图案更加丰富，这样一来物体的材质效果才会真实。

材质还可以表现一些生活中不常见的，或是根本就没有的一些材质和效果。在制作动画片的过程中，特别是一些科幻和神话题材的作品，有很多的视觉效果是用材质来完成的，这时候的材质就已经超出了一般情况下对材质的理解，其作用就是为了追求一种视觉效果。

可见三维软件中的材质不但能表现一般常见的材质，还可以通过对参数、属性的重新组合创作出更多的材质效果。

通过对材质某些属性的控制，可以使模型和结构更加丰富细腻和真实，也就是说材质可以帮助造型，这与现实生活中的材质不同。例如一件针织毛衣，毛衣表面有很多凹凸变化，在制作模型时不可能精细到刻画每一根毛线，在这种情况下，毛衣表面的凹凸不平的效果就可以通过材质很好地解决。还有一些，例如镂空的工艺品、建筑上的铁艺栏杆、足球网等这些真实的模型一般是不可能用到的，即使可能也只是在局部特写时用一下，这时候就只能利用材质解决这一问题。这些材质的作用决不是材质那么简单，这也是 3ds Max 中材质能够表现的一个方面，如图 6.1 所示。

图 6.1

6.1.3　材质编辑器的介绍

在工具栏上单击 按钮，随后弹出【材质编辑器】窗口，关于材质方面的工作就围绕着这个编辑器开展，先熟悉一下界面的操作，如图 6.2 所示。

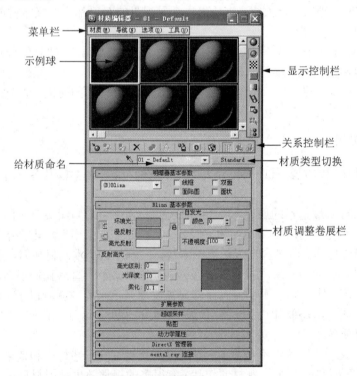

图 6.2

菜单栏用的非常少，只有【工具】菜单下的一些操作会用到，其他绝大多数的功能都能在【显示控制栏】和【关系控制栏】面板上找到。

材质示例球实现材质编辑器的显示窗的功能,在下面对材质的任何属性进行修改都会实时显示在示例球上，以便观察，这是调节材质的重要参考项目。在材质示例球上右击可以调整示例球的显示个数，如图 6.3 所示。

【材质显示控制栏】的  按钮和 按钮经常会用到， 是【背景显示控制栏】按钮，在调整一些带透明属性的物体材质的时候非常有用，如图 6.4 所示。

【材质/贴图导航器】窗口主要是用来在材质的层级关系比较复杂的时候，在各层级之间进行导航，单击任何一个层级，材质编辑器就会进入相应的层级属性面板，如图 6.5 所示。

图 6.3

图 6.4

图 6.5

【材质关系控制栏】主要用来控制材质与材质、贴图与贴图之间的关系，主要用到的按钮有 、 、 、 、 5 个。

按钮用来打开材质/贴图浏览器，可以在这里选择需要的材质，一般通过这种方式来选择现成的材质，也可以在这里把调整好的材质保存起来以便于用在其他场景当中，如图 6.6 所示。

一般MAX的材质库默认安装在安装目录的materiallibraries目录

点击，可以打开MAX给我们准备好的材质库，也可以是你自己保存好的材质库。

图 6.6

按钮把编辑好的材质赋给场景中的物体，操作方法是首先选择物体，再单击该按钮。

单击 ✖ 按钮可以删除材质，如果材质已经赋给场景中的物体，则会弹出如图 6.7 所示的对话框。

如果选择默认的第二项，则只会删除材质示例球，而场景当中给过的材质还会保留，需要在编辑该材质的时候可以用 ✎ 工具，从场景中把该材质吸到材质编辑器中来。如果选择第一项，则场景中的材质和示例球的材质都删除了。

按钮可以使材质中的贴图在视口中显示出来，以方便人们观察、调整贴图，如图 6.8 所示。

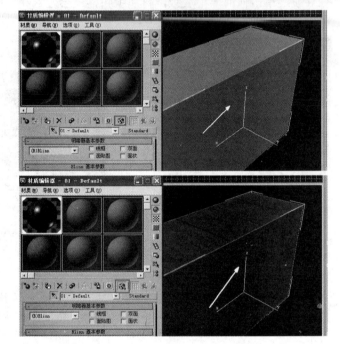

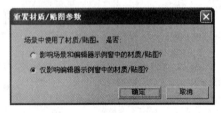

图 6.7   图 6.8

按钮的功能主要是在材质层级之间切换的时候返回上一层级，该功能也经常会用 代替。

✎ 按钮非常有用，可以把场景物体的材质吸到【材质编辑器】里面进行再次编辑。主要用在以下两种情况。

第一种就是用 ✖ 删除了材质编辑器中的材质，而场景中的物体材质又需要修改，所以只能用这个吸管工具把材质从场景中吸到材质编辑器中，材质会被吸到活动的材质示例窗中。

第二种情况是导入场景，场景中的物体已经赋过材质，这时在材质编辑器中也需要用这个工具，从物体上把材质吸到编辑器中进行编辑，特别是在导入 SU 模型时，经常这么做。

Standard 按钮是材质类型的切换按钮，下面的所有属性卷展栏也会随着材质类型的改变而发生改变。Standard 指的是【标准材质】类型，也是最常用最基本的材质类型。在效果图制作的时候还经常会用到【多维/子对象】 lti/Sub-Object 材质类型，用 VRay 渲染器的时候，还常用到 VRayMtl 材质类型。

6.1.4　材质的基本属性

3ds Max 的材质作为对真实世界材质的模拟，其来自于对真实材质的分析，需要对不同材质的特点和属性进行分类、量化，转化为计算机能够处理的选项与数值，最后通过计算机很方便地控制材质的效果。

计算机是通过控制材质各方面的属性来表现材质的，找到现实生活中各种材质之间的区别，也就找到了材质的基本属性。木材、石头、玻璃、金属、日光灯、雾、不锈钢餐具、水等都是生活中非常典型的材质，如果能区分它们在材质上的不同特点，那么对 3ds Max 中的材质编辑就了解了一半。下面来看一下它们有什么不同特点。

(1) 纹理：表面是否有纹理。木材、石头的表面有纹理，虽然玻璃、不锈钢也有，但这种纹理表现出来的效果很怪，不是本身所固有的,会随着环境的变化和观察者角度的变化而变化，这就是反射，也是纹理的一种。

(2) 透明：玻璃、水是透明的，其他物体的材质不透明。

(3) 高光：玻璃、不锈钢餐具会产生很强的高光，木材和石头表面如果有油漆或被磨得很光滑时也会有高光，但不会太强，高光也不会很集中；日光等会有高光，但本身的亮度会超过高光，在不亮时和一件白色的瓷器类似；雾不可能有高光。

(4) 反射、折射：玻璃有反射和折射，不锈钢只有反射，雾两种情况都没有，其他物体的表面极光滑时会有反射，但不会很强，所以忽略不计。

这 4 个属性是材质的基本属性，也是编辑材质时候最常用的属性，这几项足以表现出生活中的大部分材质效果。下面来看一下这 4 个属性的操作方法。

(1) 纹理指的是物体表面的漫反射属性，如图 6.9 所示。

其包括两个方面，如果只有颜色属性而没有纹理表现的话，则只需要调整色块的颜色，单击色块，在弹出的对话框中选择自己想要的颜色就可以了，如图 6.10 所示。

红色框住区域的，左边是修改之前的颜色，右边是修改之后的颜色，确定好之后关闭对话框就可以了。如果有纹理的话，比如木纹，就不能只用颜色了，而是要单击后面的【属性通道】按钮，如图 6.11 所示。

图 6.9

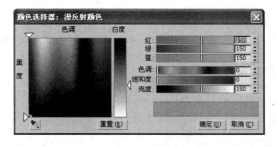

图 6.10

图 6.11

这时，同样会弹出【材质/贴图浏览器】对话框，红色框住的就是贴图的类型，如果只是要表现木纹的话，可以选择其中的【木材】贴图类型，或者用一张木纹的图片来表现，这时就可以选择【位图】贴图类型，如图 6.12 所示。

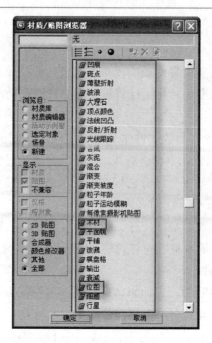

图 6.12

(2) 透明指物体的透明属性。 不透明度: 100 也具有两种调整方式，第一种是通过数值调整，当不透明度为100时，物体就具有透明属性了，数值越小，透明度越大，如 不透明度: 68 。后面的属性通道按钮是第二种方式，单击之后同样弹出【材质/贴图浏览器】对话框，用贴图来控制物体的透明属性，这里要强调的是当用贴图来控制物体的透明属性时，指的是用贴图的明暗程度来控制物体的不透明属性，越黑的地方越透明，越白的地方越不透明。中间区域就是过渡区域。这种控制方法很灵活，可以实现过渡区域的灵活控制。比如，用一张黑白过渡的图片来控制物体的透明属性，操作如下。

① 先创建如图 6.13 所示的一个立方体。

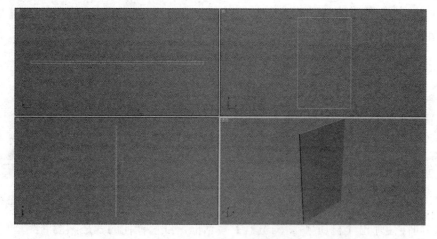

图 6.13

② 按 M 键，打开【材质编辑器】窗口，单击 不透明度: 100 按钮，进入【材质/

贴图浏览器】对话框，如图 6.14 所示。

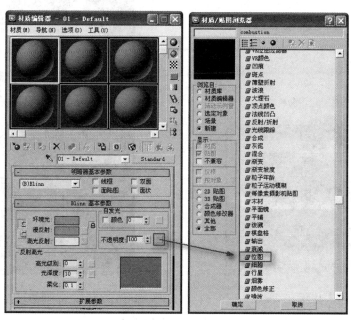

图 6.14

③ 选择【位图】选项，单击【确定】按钮 确定，选择自己制作好的一张黑白过渡的图片，单击【查看】按钮可以看到这张图，如图 6.15 所示。

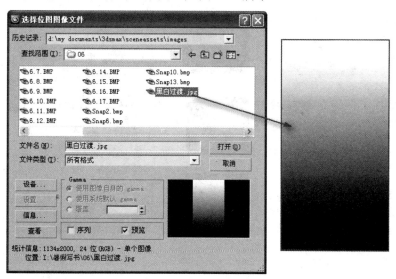

图 6.15

④ 打开之后，由【材质编辑器】窗口进入到位图的层级。这里就涉及材质的层级概念，在这暂且不去理会，以后会详细讲解。选中已创建的立方体，单击如图 6.16 所示的按钮。

这样一来就把刚编辑好的材质赋予给了立方体。渲染之后发现物体产生了从透明到不透明的过渡，如图 6.17 所示。

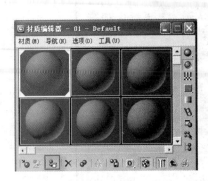

图 6.16

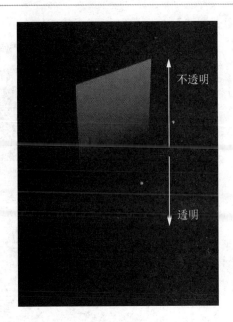

图 6.17

(3) 高光的调整包括 3 个方面，分别是"高光级别"、"光泽度"、"柔化"，如图 6.18 所示。

(4) 物体的反射、折射属性要在【贴图】卷展栏中的反射、折射属性通道里调整，如图 6.19 所示。

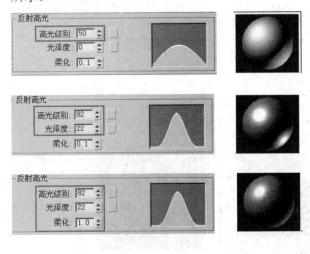

图 6.18

图 6.19

6.1.5 3ds Max 中的贴图

在制作材质的时候，经常会使用贴图。在一个模型表面，只要材质的某一个属性不是均匀分布的而是有明显的变化，就需要使用贴图来区分和控制。这些属性包括表面的颜色、光滑度、透明度等，这样看来，不需要贴图的情况比较少见，所以要熟练贴图的使用方法。

在制作材质的时候，有两项主要的工作：一是控制贴图如何包裹在模型的表面；二是制作一个贴图，用来控制属性的变化，这时候就要用到 Photoshop 软件了。

1. 贴图的概念

贴图是指所有能够用来控制材质属性的图案或程序。在 3ds Max 中贴图不是单指图案，而是包括很多与图案有关的小程序。明确贴图的准确含义，了解贴图在什么情况下应用是这一节需要解决的问题。

使用"贴图"这个词很恰当，这有以下几方面的原因。

1) 反映了"贴图"的基本性质

称作"贴图"反映了"贴图"的基本性质，即发挥了"图"的作用。

模型默认的渲染属性是针对整个模型表面的，如果表面的某一属性是不均匀的，或者是根据一定条件变化的，那么就需要使用一种相应的纹理，利用纹理进一步控制模型表面每一部分的渲染属性，可见"贴图"最终发挥的是纹理(图案)的作用。

2) 范围更宽

在 3ds Max 中，"贴图"泛指可以控制渲染属性的纹理和程序，"贴图"中包含纹理，还有一些需要条件的程序，这些程序无法用形象的图案来表示，称其为"程序贴图"。"程序贴图"的运用更加灵活一些，这样看来，只把"贴图"理解为图案显然是不合适的，称"贴图"就更广泛一些。

3) "贴"很形象

"贴图"中的"贴"可以反映出纹理发挥作用的过程，即大部分的纹理和程序的应用过程包裹在模型的表面，从而控制模型表面每一个角落的渲染属性，所以用"贴"很形象。

实际操作如下。

① 在常用工具栏中单击 按钮，或者按 M 键，打开【材质编辑器】窗口，如图 6.20 所示。

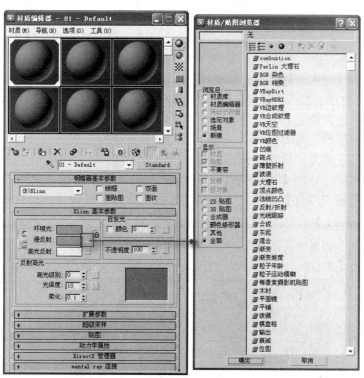

图 6.20

② 单击漫反射后面的【属性通道】按钮，进入【材质/贴图浏览器】对话框，单击【查看大图标】按钮 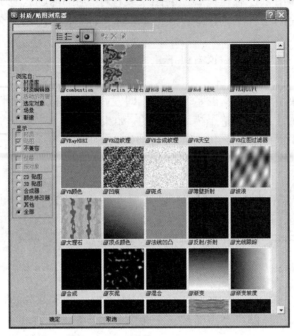，则【材质/贴图浏览器】对话框以大图标方式显示，如图 6.21 所示。

图 6.21

2. 贴图的作用

1) 贴图可以控制物体表面的材质属性

控制物体表面的材质属性是贴图的最主要的作用。在 3ds Max 的场景中，同一个物体表面上的材质属性会有一些区别。为了仔细控制这种明显或不明显的区别，可以为物体赋予一张贴图，这张贴图会包裹在物体的表面上，属性会根据图案的变化来调整属性的数值，这样一来就可以制作出具有丰富变化的材质。

3ds Max 中的材质有很多的属性，在开始制作材质之前，材质的每一个属性都有默认的数值和颜色，我们就是在此基础上进行材质的制作的。

材质属性中所有颜色的属性都可以改用贴图控制,在使用贴图之后材质默认的颜色就会被贴图取代，需要注意的是：贴图发挥作用的不一定是"彩"，也可能是"色"。【漫反射】属性肯定用的是"彩"，而【不透明度】属性利用的是"色"，也就是贴图的明度信息。通俗一点说，就是根据材质属性的不同，贴图发挥作用的可能是颜色，也可能是贴图的明度。

一个【木纹(wood)】的贴图如果放在漫反射贴图通道 漫反射：⬚ 上，则会使模型呈现出木制品的效果。如果放在透明贴图通道 不透明度：100 ⬚ 上，则会使物体呈现出不均匀的透明效果，这是因为【木纹(wood)】的贴图有明暗程度的差异，如图 6.22 所示。

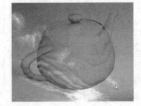

图 6.22

关于贴图可以控制物体表面的材质属性这一点,关键是要理解贴图放置在物体的哪一个属性通道上就控制物体的哪个属性,这一点很重要!

2) 贴图用在场景中任何需要图案的地方

在一个三维场景中,不仅材质方面需要贴图,在背景、灯光、特效等中也需要贴图,这部分贴图与材质上的贴图没有什么区别,其设置和编辑也是在【材质编辑器】中进行的。

在【材质编辑器】的下半部分展开【贴图】卷展栏,如图 6.23 所示。

左侧就是可以贴图的材质属性,这一部分也会依据材质类型的不同而呈现出不同的属性名称,如图 6.24 所示。

图 6.23

图 6.24

右侧是使用了贴图的情况,None 表示在这个属性上面没有使用贴图,有贴图控制的就会显示出贴图名称和贴图类型,如图 6.25 所示。

中间的"数量"部分控制的是贴图的作用程度,有些属性的"数量"可以超过 100,也可以是负数。比如,如果漫反射颜色贴图的"数量"不是 100 时,则不会纯粹由贴图来控制模型的外观,而是会显示出一部分的漫反射颜色,两部分同时来控制模型的外观。

在【材质编辑器】的【Blinn 基本参数】和【扩展参数】卷展栏中,凡是后面有按钮的,都是可以赋予贴图的。这和【贴图】卷展栏中的材质属性是相同的,它们之间是一一对应的,如图 6.26 所示。

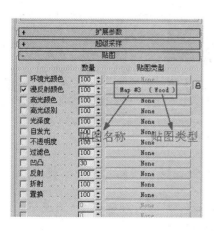

图 6.25

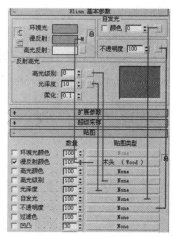

图 6.26

6.2 影响材质效果的重要因素

　　三维软件中的材质是模拟现实世界中物体的表面质感的，但有很多人已经发现，即便是将材质编辑器中的材质球调整的多么真实，渲染图像所得到的效果仍然会与调整的质感相差甚远。那是因为大多数人在学习材质的时候都会忽略一个问题——灯光和环境对材质的影响，这与人们在现实世界观察物体的习惯有关系。在现实世界中，灯光对物体的照射和周围的环境是无处不在的，而在观察物体表面的质感及分析其物理属性时都会忽视这两个自然因素。

　　三维软件中的场景与现实世界并不相同，在初始情况下，前者既没有灯光，也没有环境，如果不存在场景默认灯光的话，那么整个场景将是一片漆黑的。因此，在熟练掌握材质技术的同时，更要深入学习灯光、环境的运用技术，应当在三者之间反复地调整，而不是调整其中的一种或者两种。

1. 灯光对材质的影响

　　灯光对材质的影响通常体现在灯光的颜色、灯光的位置和灯光的强度上面。灯光的颜色影响的是物体表面的漫反射颜色。如图 6.27 所示的左边的小球，本来是白色的，在蓝光的照射下呈现出明显的蓝色，而右边的小球，本来是红色的，在同样的蓝光的照射下呈现出深紫红的色相。

图 6.27

　　灯光的位置决定了灯光对物体的入射角度，入射角度指的是光线与对象表面之间的夹角，其角度越接近 90°，光线就越强，对象表面与光源的偏斜角度就越大，照射到表面上的光强度也就越弱，表面就越暗，如图 6.28 所示。

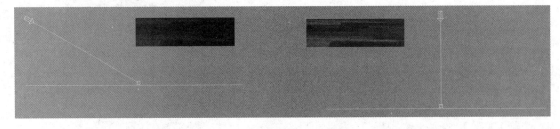

图 6.28

　　灯光的强度会影响对象的高光亮度及高光范围，强度越强，高光的亮度越大，范围也就越大。

　　灯光对最终渲染的图像来说，影响是最大的，所以通常在调整材质之前，先建立几盏灯光并初步调整一下其位置，以便更好地观察调整出来的材质效果。

2. 环境对材质的影响

　　最能体现环境对材质影响的是玻璃、金属等具有强烈折射、反射特性的材质。初始状态下的环境颜色是纯黑色的，如果在调整金属材质时没有给环境加入一张位图的话，将得不到任何的反射细节，如图 6.29 所示。

图 6.29

　　左边的渲染图像是没有指定环境贴图的效果，右边的渲染图像是指定过的，而两幅图像中的物体材质都是一样的，很显然，两者之间的最终差距是很大的。

　　灯光和环境是影响图像效果的最重要的两个因素，但在实际操作中，决定图像效果和质量的远不止这些，渲染引擎、场景中模型的形状、反光板的位置、摄像机的观察角度都会对渲染的效果产生很大的影响，对于操作中遇到的问题还要根据实际情况来分析。

本 章 小 结

　　本章讲解了材质的基本概念，特别是材质的基本属性知识及贴图的基本知识，对于后面材质的深入调整起到了关键性的作用，对于影响材质效果的两个关键因素——灯光和环境，也做了概括性的说明。

习　　题

一、填空题

　　1. _____和_____是影响图像效果最重要的两个因素。

　　2. 材质的基本属性主要包括：_____、_____、_____、_____。

二、简述题

　　简述材质的主要作用及影响材质效果的主要因素。

第 7 章　常用贴图的调整

要想了解图片是如何贴到物体表面上去的，就需要知道贴图坐标是怎么回事，本章详细讲解各种贴图坐标的原理，和常用的贴图调整技巧。

本章重点：

1. 熟悉各种贴图坐标的工作原理

2. 熟练掌握不规则物体表面的贴图调整方法

3. 熟悉各种常用贴图的参数

7.1 贴图的坐标方式

3ds Max 中的坐标方式可以分为两种，一种是系统内建的坐标系统，也就是说在制作一般的几何体和参数可控制的复杂物体时，系统已经内置了几个坐标走向方式，这时不需要手工添加，只要赋予了材质，马上就有一个比较合理的坐标走向。第二种是通过外部的命令指定给物体一个坐标方式，这针对于后来通过编辑建立的物体。这种方式会涉及两个命令：【UVW 贴图】和【UVW 展开】命令，可以通过这两个命令来调整坐标的方式。

对对象来说，包含 UVW 贴图信息是很重要的。这些信息告诉 3ds Max 如何在对象上使用贴图。一些对象，例如可编辑多边形，不会自动应用一个 UVW 贴图坐标，这时可以应用一个【UVW 贴图坐标】编辑修改器来为其指定一个贴图坐标。所有的对象都具有默认的贴图坐标，但是如果应用了"布尔"操作，或在为材质使用贴图之前对象已经塌陷成可编辑的网格，那么就可能丢失贴图坐标。

【UVW 贴图坐标】编辑修改器用来控制对象的 UVW 贴图坐标，其【参数】卷展栏提供了调整贴图的坐标类型、贴图大小、贴图的重复次数、贴图通道设置和贴图的对齐设置等功能。

贴图类型用来确定如何给对象应用 UVW 坐标，共有 7 个选项。

(1) 平面方式：该贴图类型以平面投影的方式向对象上贴图。它适合于平面的表面，如纸和墙等。图 7.1～图 7.2 所示是采用平面投影的结果。

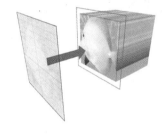

图 7.1

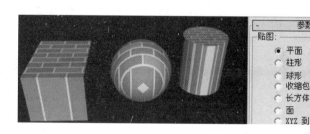

图 7.2

(2) 柱形方式：此贴图类型使用圆柱投影的方式向对象上贴图，像螺钉、钢笔、电话筒和药瓶都适于使用柱形贴图。图 7.3～图 7.4 所示是采用柱形投影的结果。

图 7.3

图 7.4

提示：勾选【封口】复选框，圆柱的顶面和底面放置的是平面贴图投影，如图 7.5 所示。

图 7.5

(3) 球形方式：该类型围绕对象以球形投影的方式贴图，会产生接缝。在接缝处，贴图的边汇合在一起，顶底也有两个接点，如图 7.6～图 7.7 所示。

图 7.6   图 7.7

(4) 收缩包裹方式：像球形贴图一样，它使用球形方式向对象投影贴图。但是收缩包裹将贴图所有的角拉到一个点，消除了接缝，只产生一个奇异点，如图 7.8～图 7.9 所示。

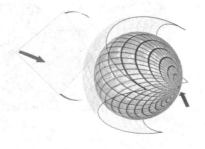

图 7.8

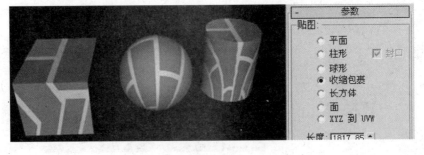

图 7.9

(5) 长方体方式：长方体贴图以 6 个面的方式向对象投影，每个面是一个平面贴图。面法线决定不规则表面上贴图的偏移，如图 7.10～图 7.11 所示。

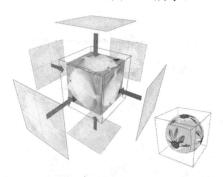

图 7.10

图 7.11

(6) 面方式：该类型对对象的每一个面应用一个平面贴图。其贴图效果与几何体面的多少有很大关系，如图 7.12～图 7.13 所示。

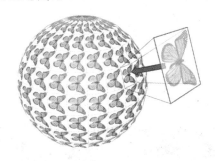

图 7.12

图 7.13

(7) XYZ 到 UVW 方式：此类贴图设计用于程序纹理，它使程序纹理"粘贴"在对象的表面上，如图 7.14～图 7.15 所示。

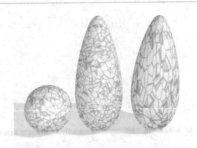

图 7.14

图 7.15

7.2 贴图的坐标调整举例

下面结合一个实例来讲述，大家在实际工作中经常需要在坡屋顶上做瓦的贴图，通常的坡屋顶由几个大小不等的斜面组成，使用贴图坐标修改器中的贴图方式难以兼顾各个面，但如果通过编辑贴图坐标把各个面的贴图坐标压平，问题就好解决多了。请看下面的例子。

(1) 先建立一个 Boxol，然后转化为【可编辑多边形】，选择顶面缩放，形成大关系，如图 7.16 所示。

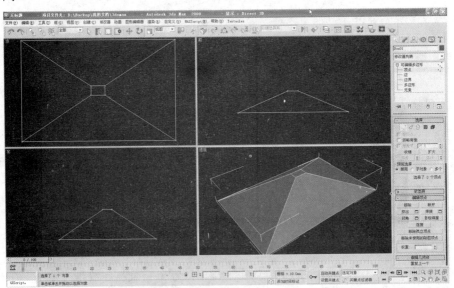

图 7.16

(2) 为贴图坐标展开的简便，把无关的顶面和底面删除，如图 7.17 所示。

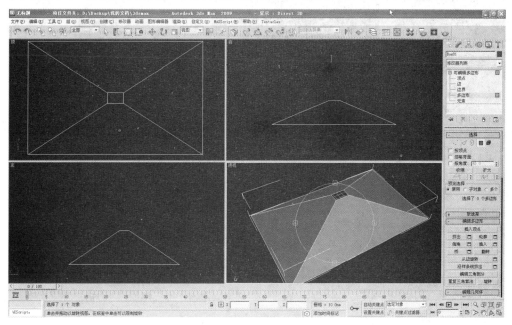

图 7.17

(3) 先添加一个【UVW 贴图坐标】修改器，选择【平面】方式。这样坡屋顶在展开时，形状才适合进一步编辑，如图 7.18 所示。

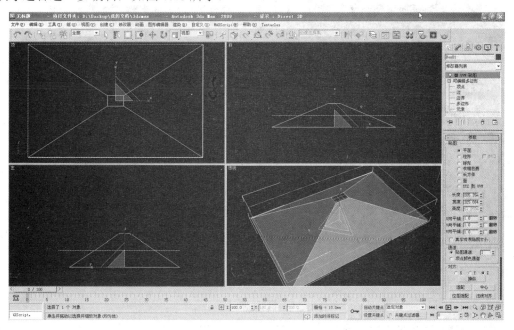

图 7.18

(4) 给物体赋予一个瓦片的材料，发现如下箭头所指的表面贴图不对，结果如图 7.19 所示。

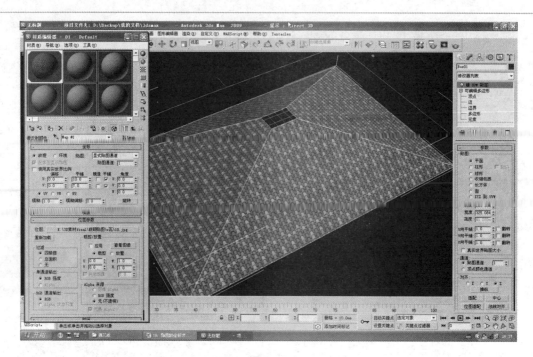

图 7.19

(5) 添加【UVW 展开】修改器，打开【编辑】窗口，如图 7.20 所示。

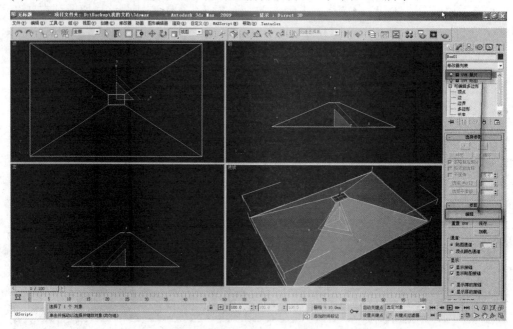

图 7.20

(6) 选择【压平贴图】坐标命令，注意在弹出的对话框中将【面角度阈值】的数值改为 15，如图 7.21 所示。

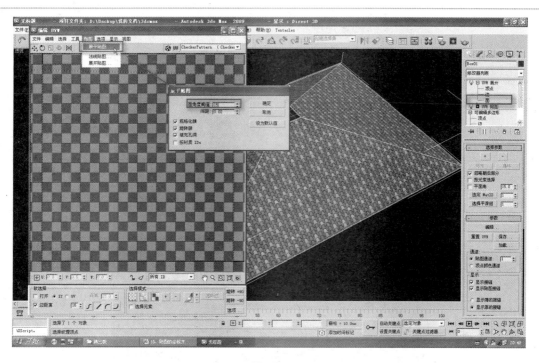

图 7.21

(7) 单击【确定】按钮，贴图坐标被压平。可以看到 4 个坐标框与坡屋顶 4 个面的形状是对应的，如图 7.22 所示。

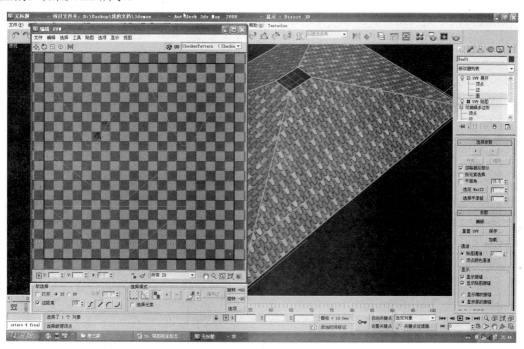

图 7.22

在【编辑】窗口中显示瓦的贴图，如图 7.23 所示。

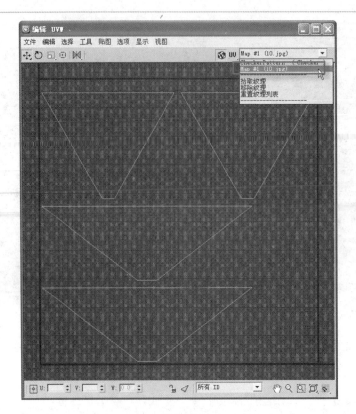

图 7.23

(8) 观察透视图，按照合适的尺寸，在【材质编辑器】中设置贴图的【平铺】次数，如图 7.24 所示。

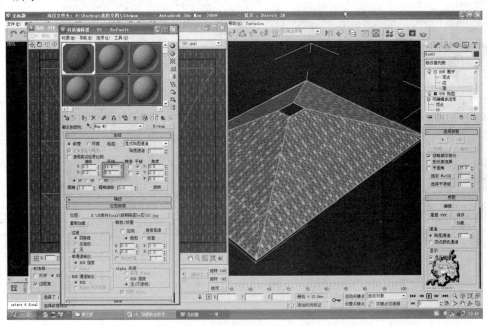

图 7.24

(9) 选择所有的坐标框，旋转 180°，这样瓦的铺贴方向才正确，如图 7.25 所示。

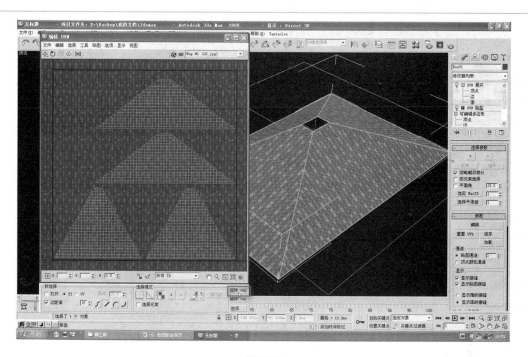

图 7.25

结果如图 7.26 所示，基本合格设计要求。

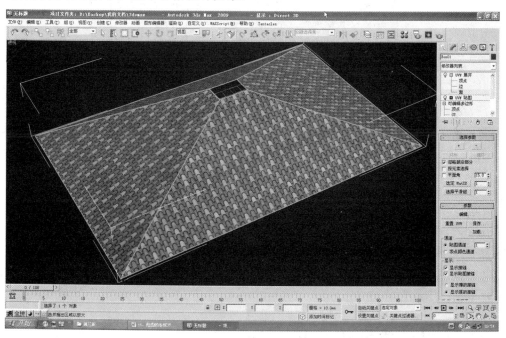

图 7.26

(10) 在【UVW 展开】修改器上右击，选择【塌陷全部】命令，成为一个"多边形"物体，如图 7.27 所示。这时瓦的贴图已经与屋面成为一体，即使增加屋面细节也不会失去。建立屋脊和檐口，如图 7.28 所示。

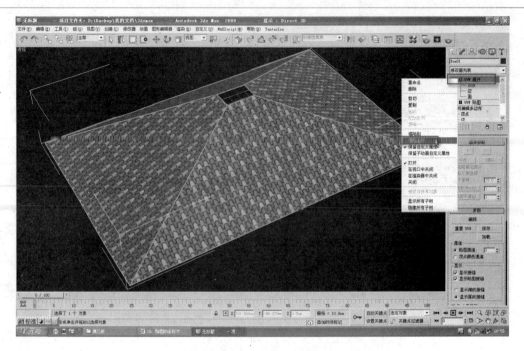

图 7.27

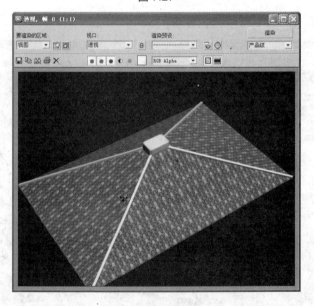

图 7.28

7.3 常用贴图类型的调整

贴图类型比较多，但是在学习中可以进行分类学习，这样就会比较节约时间了。其实，这些贴图无非就分成几种类型：位图、程序纹理图案、反射折射类、图像修改类等。下面介绍在编辑材质时比较常用的几种贴图类型。

7.3.1 位图(Bitmap)贴图类型

位图(Bitmap)贴图类型是用来引入一个一般的位图的贴图类型,是 3ds max 贴图中最基础的一种,也是最常用的贴图类型。

下面来看一下该贴图类型的使用方法。

首先打开【材质编辑器】,可以按 M 键打开,当【材质编辑器】打开后,先选择一个用来加载【位图】的通道(一般情况下首先选择【漫反射颜色】通道,因为这个通道的效果相对来说比较明显)。单击【漫反射颜色】通道旁边的方块进入【贴图浏览】面板,选择其中的【位图】选项,如图 7.29 所示。

进入【贴图选择】对话框中,选中一个要添加的贴图,然后单击【打开】按钮。这样,一个贴图就被指定到了材质的【漫反射颜色】通道上。

下面来看一看位图贴图类型的调节面板有哪些。当选择了位图贴图类型时,【命令】面板的内容就会相应发生变化。

(1) 【坐标】面板是用来对贴图大小和方向做调整的面板,如图 7.30 所示,在这里可以设置坐标类型和贴图的重复等。

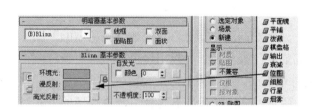

图 7.29

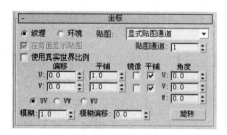

图 7.30

下面区域中的几个命令是用来给贴图指定坐标的变换的,其中包括了【偏移】、【平铺】微调按钮、【镜像】和【平铺】复选框。而 UV 单选按钮则用来指定方向,也就是纵横。镜像和平铺效果如图 7.31 所示。

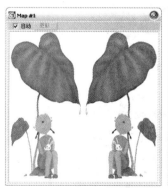
镜像

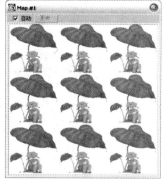
平铺

图 7.31

右边的【角度】栏目用来设置坐标的旋转,UVW 代表纵横深度 3 个不同的轴向,也可以单击 旋转 按钮来方便、直观地调节。

【在背面显示贴图】是用来显示贴图到物体的相对面上的方式。一般情况下是勾选的，如图 7.32 所示只有取消了重复时才会生效。在使用时最好配合 UVW map 的平面坐标方式。要注意在显示的情况下背面总是可见的。可以使用渲染来观看效果。

【模糊】用来对图片进行模糊效果的处理，使用这个参数能将贴图进行模糊处理。【模糊偏移】用来设置模糊的偏移值。

(2)【位图参数】面板如图 7.33 所示此面板用来控制引入图片的 些基本的参数设置，这也是【位图】贴图特有的面板，下面来看看这个面板的功能。

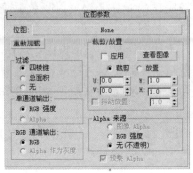

图 7.32   图 7.33

【位图】右边的选项用来打开贴图浏览器，使用贴图浏览器可以方便地寻找所需的贴图。

【重新加载】用来更新调入的贴图。当同名的贴图被替换后可以用这个按钮来更新。

【裁剪/放置】区域是用来对画面的大小进行裁剪的，【应用】为是否使用裁剪的开关，没有勾选表示不使用。【裁剪/放置】是裁剪后的两种模式：【裁剪】是使用选择区域的方式对图像进行裁剪，【放置】是在裁剪时锁定像素来改变像素的纵横比例。

单击 查看图像 按钮可以打开裁剪调整的对话框，U、V 为纵横位置的数值，W、H 为宽度和高度。

(3)【输出】面板如图 7.34 所示。

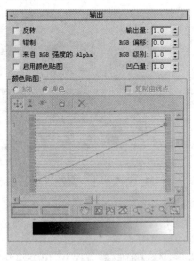

图 7.34

此面板中的选项可以达到类似于 Photoshop 的功能，用来调整图像的一些对比关系。不过在 3ds Max 中有这样的功能真的不错，至少方便了很多，可以不必把图像再倒回到 Photoshop 中去处理了。

【反转】用来反转图像的色彩。这个功能就像是洗出来的底片效果，如图 7.35 所示。

反转　　　　　　　　　　　　原图

图 7.35

【输出量】，可以用这个数值来控制输出的总量，对色度和亮度共同起作用。很多情况下会用到这个功能，如在使用一个木纹时，如果颜色过于强烈和明亮就可以用这个参数减弱效果。

【颜色贴图】是色彩调节曲线视图。勾选【启动颜色贴图】复选框后会弹出图 7.36 所示的对话框。除去上面对所有的色彩一起调节的方法外，还可以对不同的色彩和明度区域进行单独调节，分成【RGB】方式和【单色】方式，也就是彩色和明度方式。曲线上的点对应着下面的明度和色彩的变化，如果将这个区域的点上升，那么对应的图像中的颜色也会一同改变。

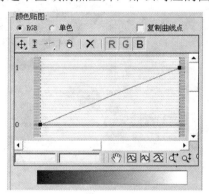

图 7.36

下面来分别介绍对话框中的工具。

① 移动工具：使用这个工具可以方便地在 XY 轴上移动调节点。

② 纵向移动工具：同时放缩控制杆，可以对调节点在纵向上进行移动，不会影响横向的位置。

③ 横向移动工具：可以对调节点在横向上进行移动，不会影响纵向的位置。

④ 加入可硬控制点：添加一个"角点(Corner)"方式的控制点。

⑤ 加入可曲线控制点 ：添加一个"Bezier—平滑(Bezier—Smooth)"曲线方式的控制点。曲线方式的调节点有两种，一种是"Bezier—平滑(Bezier—Smooth)"方式，曲线的两端是固定的，只要调节一边的控制杆就会影响到另外一边，调节点两端的控制杆永远在一条线即这一点的切线上。另外的一种是"Bezier—角点(Bezier—Corner)"方式，也就是说可以单独地调节控制杆的方向，使曲线产生出比较硬的转折角。在切换控制点的类型时，右击控制点即可。

⑥ 删除控制点工具 ：对选择的控制点进行删除的命令。

⑦ 删除曲线工具 ：可以使用这个工具对曲线进行复原，它将删除所有的点恢复原来的曲线。

⑧ 平移视图工具 ：使用这个工具可以对视图进行移动操作。

⑨ 最大化曲线显示 ：用来将所有的曲线都显示出来的命令。

⑩ 横向最大化曲线显示 ：用来将所有的曲线都横向最大化显示出来的命令。

⑪ 纵向最大化曲线显示 ：用来将所有的曲线都纵向最大化显示出来的命令。

⑫ 水平放缩视图 ：对视图进行水平方向的放缩的命令。

⑬ 纵向放缩视图 ：对视图进行纵向的放缩的命令。

⑭ 全局放缩视图 ：对视图进行纵向横向的同时放缩的命令。

⑮ 区域放缩视图 ：对视图进行选择区域的放缩的命令。

下面来看一下曲线多色彩的影响，一张图片在曲线不同时将显示出不同的形式，当曲线被分成了几个色阶时，图像变成了如同版画一样的效果，如图7.37~图7.38所示。

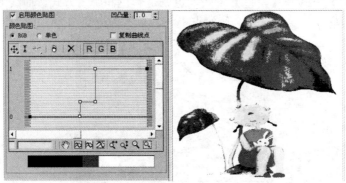

图 7.37

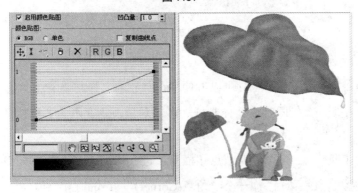

图 7.38

7.3.2 棋盘格(Checker)贴图类型

棋盘格(Checker)贴图类型是专门来产生类似国际象棋的棋盘效果的贴图类型,其控制参数十分简单,【棋盘格(Checker)贴图类型】面板如图 7.39 所示。

【柔化】或者叫做【融合】,可以用这个数字来控制两种贴图的融合效果,如图 7.40 所示。

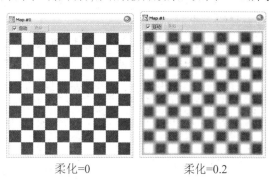

柔化=0 　　　　　　柔化=0.2

图 7.39 　　　　　　　　　　　　图 7.40

【交换】用来交换两贴图之间的位置。

7.3.3 衰减(Falloff)贴图类型

衰减(Falloff)贴图类型是一个看起来简单但是有着神奇作用的贴图类型。说来简单,它的功能是进行一个颜色到另外一个颜色的过渡,但是如果运用好了,甚至可以用该贴图类型做出国画一样的复杂材质效果。下面来看一下该贴图类型的设置,如图 7.41 所示。

图 7.41

(1) 【衰减类型】(Falloff Type)是用来决定用什么方式进行从黑色到白色过渡的衰减的。共有 5 种选择方式。

① 【垂直/平行(Perpendicuiar / Parailei)】方式,基于法线方向 90°,改变从黑色到白色过渡的衰减方式。

② 【朝向/背离(Towards / Away)】方式,基于法线方向 180°,改变从黑色到白色过渡的衰减方式。

③ 【菲涅耳(Fresnel)】,这种衰减方式和物体的折射率有关系。

④ 【阴影/灯光(Shadow / Light)】方式依靠灯光的方向进行衰减的设置。

⑤ 【距离混合(Distance Blend)】方式是依靠距离进行物体从黑色到白色过渡的衰减方式。

(2) 【衰减方向(Falloff Direction)】用来设置衰减的轴向,也有几种方式。

① 【查看方向(摄像机 Z 轴)(Viewina Direction(Camera ZAxis)】,这是一个以摄像机 Z 轴作为方向的衰减方式,这种衰减方式是不会因为物体本身的改变而改变的,只和观看角度有关系。

② 【摄像机的 XY 轴向(Camera X / Y Axis)】，这两个比较类似只是方向不同罢了。

③ 【对象(Object)】方式，这种方式需要拾取一个物体作为目标向它的方向进行衰减，可以做一个实验来看一下，但是要注意的是，不要把目标物体也指定了这种材质。

④ 【局部 X/Y/Z 轴(Local X / Y / Z Axis)】，使用物体自己的 XYZ 轴向作为参考，进行衰减的方式。

⑤ 【世界 X/Y/Z 轴(World X / Y / Z Axis)】，使用世界坐标系统的 XYZ 轴向作为参考，进行衰减的方式。

(3) 模式特定参数(Mode Specific Parameters)包括以下几个参数。

① 对象(Object)用来拾取目标物体。只在使用对象(Object)衰减方式时才有效。

② 覆盖材质 IOR(Override Material IOR)，用来确定是否使用折射率进行计算。在使用菲涅耳(Fresnel)方式时才有效。

③ 折射率(Index Of Refraction)用来控制衰减方式。

④ 近端距离(Near Distance)，距离衰减中的近距离位置。

⑤ 远端距离(Far Distance)，距离衰减中的远距离位置。

两个通道的混合还可通过一个混合曲线来进行控制，如图 7.42 所示。该用法比较简单，可以参照前面的部分学习。

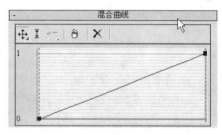

图 7.42

衰减方式贴图类型看起来比较枯燥、乏味，并且内容也比较烦琐。但是，的确可以用这种贴图类型做出很多的效果，如国画和汽车金属漆的效果。这些效果将在后面的实例部分做比较详细地讲解。

7.3.4 渐变(Gradient)贴图类型

渐变(Gradient)贴图类型是用 3 种颜色或通道进行线性和发散性的混合效果，如图 7.43 所示。

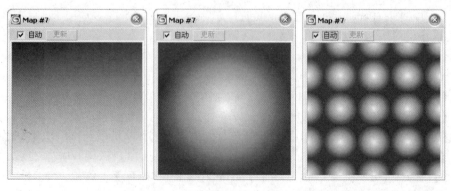

图 7.43

一般情况下，可以利用这个贴图类型来模拟背景渐变效果和一些如信号灯之类的贴图，甚至可以和粒子系统结合起来做出烟雾效果。

【渐变参数】卷展栏(Gradient Parameter)如图 7.44 所示。

(1) 颜色 1～3 用来设置从上到下的颜色和通道变化的部分，后面可以加上不同的其他贴图类型。

(2) 【颜色 2 位置(Color 2 Position)】用来调整不同的颜色在整个贴图中的比例，当数值为 0 时只用了第 1 个和第 2 个颜色，为 1 时只有第 2 和第 3 个颜色。

(3) 渐变类型(Gradient Type)分成两种：一种是线性(Linear)的；一种是径向(Radial)的，如图 7.45 所示。

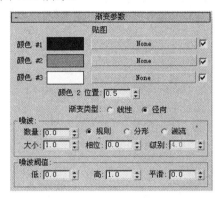

图 7.44

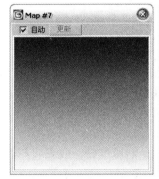

图 7.45

(4) 下面是用来设置噪波的选项。

① 规则(Regular)方式，这种方式只是最一般的方式，黑白之间的变化是缓和形式的波浪。

② 分形(Fractal)方式，这种方式要比规则方式要复杂一点，使用有点像云雾的状态来区分黑白。

③ 湍流(Turbulence)方式，这种方式有点像是水波纹的样子，但是，可以细分成很多的层次。渐变噪波(Gradient Parameter)类型如图 7.46 所示。

规则(Regular)　　　　　分形(Fractal)　　　　　湍流(Turbulence)

图 7.46

(5) 相位(Phase)是可以产生位置移动的动画的参数，相当于移动了当前的图像的位置。

(6) 大小(Size)用来设置图像的大小。

(7) 级别(Levels)，对于 Fractal 方式、Turbulence 方式都可以进行层级的细分，就像树木的分枝方式一样，不同的分形级别效果如图 7.47 所示。

分形(Fractal) 级别=1　　　　分形(Fractal) 级别=10

图 7.47　　　　　　　　　　　　　　　　　图 7.48

(8) 噪波阈值(Noise Threshold)。分为：(Low)低的阈值；(High)高的阈值；(Smooth)平滑，有点类似抗锯齿的功能。【噪波阈值(Noise Threshold)】面板如图 7.48 所示。

7.3.5　渐变坡度(Gradient Ramp)贴图类型

渐变坡度(Gradient Ramp)贴图类型，或者叫超级渐变色贴图。这是一种可以产生不同渐变效果的贴图类型，如图 7.49 所示。可以随意添加色彩到色条上去，并且有很多的渐变方式可以选择，是一种可以产生丰富效果的贴图类型。

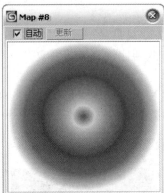

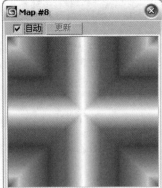

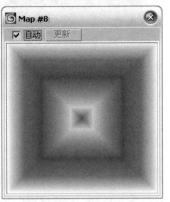

图 7.49

先来看一下色条设置，如图 7.50 所示。这个色条决定了渐变中可以产生的颜色的全过程，可以在色条上单击产生出新的可控制颜色，如果想去掉一个颜色控制点，向一个方向进行拖到尽头即可。

如果想调节某个色点的色彩，双击即可，调色板如图 7.51 所示。

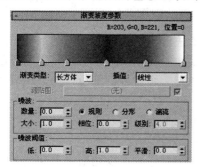

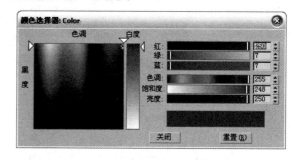

图 7.50   图 7.51

这是一个鼠标取色的系统，使用很方便。也可以使用直接输入数值的方式，有两种方式：一种是 RGB 方式，就是直接地输入红绿蓝的大小；另外一种是 HSV 方式，就是用颜色的色相明度饱和状态度来进行设置。

如果想在一个颜色上增加一个贴图，就要用另外的方法了，即右击选择【编辑属性 Edit Properties】命令，使一种贴图到这个色点上去。

这时将弹出一个对话框，如图 7.52 所示。这里可以设置 Flag 色点的号码和位置，可以很精确地设置色点的位置，就是使用下面的【位置(Position)】右面的微调按钮，然后给色点一个颜色，不过这个颜色已经不起作用了，只是用来标记罢了。在【纹理(Texture)】下面的方框上单击进入【贴图浏览器】，选择一个贴图赋给这个色点。一般情况下为了调节方便，只在【材质编辑器】上做一个关联的贴图，进行调节。

图 7.52

除去对颜色本身的调节外，还可以对整个渐变的式样进行调节，和对差值的调节。下面来具体看一下。

渐变类型(Gradient Type)用来设置渐变效果和一些方向上的问题，包括 12 种方式。

(1) 四角点(4 Corner)方式，是用不均匀的线转化颜色的方式。

(2) 长方体(Box)方式，这是从中心到四边进行渐变的方式。

(3) 对角线(Diagonal)方式，用倾斜的线来做渐变的转化颜色的方式。

(4) 照明(Lighting)方式，这里需要配合灯光来决定渐变方向，一般和灯光的投射方向一致。

(5) 线性(Linear)方式，用一条光滑的线来转化颜色的方式。

(6) 贴图(Mapped)方式，这是用一个位图的深浅来决定渐变颜色的走向的方式，【Mapped】对话框如图 7.53 所示。

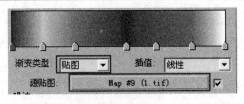

图 7.53

（7）法线(Normal)方式，按照法线的方向进行渐变颜色转化的一种方式，基于表面法线和摄像机之间的角度产生变化，决定颜色靠近哪一端。左边的颜色接近于 0°。右边的颜色接近于 90°。利用这种原理，可以在一个物体的边界上产生出一个边缘的颜色，如黑边等效果。这是利用 3ds Max 本身的材质产生卡通效果的关键。

（8）斜角(Pong)方式，这种方式很好理解，颜色是呈一个扇面的方式进行渐变的。

（9）径向(Radial)方式，是从中心向外进行辐射的渐变方式。

（10）螺旋(Spiral)方式，产生以中心点为轴旋转一周的效果。可以利用这个贴图来模拟光盘的反光颜色，甚至可以用来制作眼睛的纹理。

（11）扇叶(Sweep)方式，这种方式和 Pong 斜角方式比较像，都是以扇面的方式进行渐变，只不过这种方式是从一端到另外一端，Pong 是从两边到中央的方式。

（12）格子(Tartan)方式，这种方式是以 4 个角和中心点进行的渐变方式。

渐变颜色是一个千百万化的万花筒，上面介绍的都是它最基本的功能，其实还有很多好的深层技术有待研究。

7.3.6　噪波(Noise)贴图类型

噪波(Noise)贴图类型主要是用来做一些不均匀的杂色效果，基于两种颜色的相互混合状态。在混合的过程中或者是缓和或者是絮状，图 7.54 所示是用来设置噪波(Noise)贴图类型的选项。

（1）规则(Regular)：正规的方式，这是最一般的方式，两色之间以缓和的形式过渡。

（2）分形(Fractal)：比正规方式复杂一点，有点像云雾的状态。

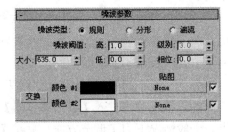

图 7.54

（3）湍流(Turbulence)：这种方式有点像水波浪的样子，可以细分成很多的层次，如图 7.55 所示。

 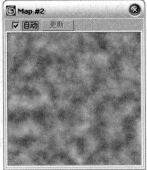 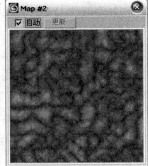

规则(Regular)　　　　　分形(Fractal)　　　　　湍流(Turbulence)

图 7.55

(4) 相位(Phase)：是可以产生位置移动的动画的参数，相当于移动了当前的图像的位置。

(5) 大小(Size)：用来设置噪波贴图的大小。

(6) 级别(Levels)：对于分形(Fractal)方式、湍流(Turbulence)方式都可以进行层级的细分，就像树木的分枝方式一样，不同的级别效果如图 7.56 所示。

 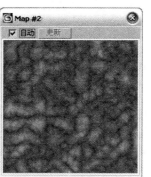

级别=1　　　　　　　　　　　级别=3

图 7.56

图 7.79 所示为使用了高/低(High / Low)修改后的效果。这相当于把一些高的和低的区域内的颜色进行了排除。

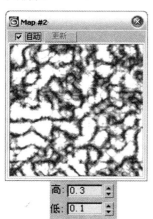 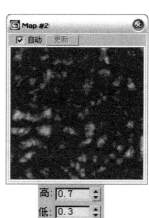

图 7.56

本 章 小 结

本章通过实际的案例讲解了贴图坐标的调整技巧，特别是对不规则的坡屋顶和异形曲面上贴图的调整，都非常具有针对性，在实际的工作案例中都经常会遇到。各种常用贴图的参数都用了图解的方式来进行讲解，非常直观，对灵活运用这些贴图将大有帮助。

习 题

一、填空题

1. 通过外部的命令指定给物体一个坐标方式，是针对于通过编辑建立的物体。这种方式会涉及的命令主要有两个：_____和_____命令，可以通过这两个命令来调整坐标的方式。

2. 【UVW 贴图】编辑修改器用来控制对象的 UVW 贴图坐标，其贴图类型主要有 7 种，分别是：_____、_____、_____、_____、_____、_____、_____。

3. 噪波(Noise)贴图类型中的噪波类型主要有 3 种：规则、_____、_____。

二、操作题

自己建立一个坡屋顶的造型，给坡屋顶赋予瓦片材料。

第 8 章　创建最优化的材质

　　VRayMtl 材质是利用 VRay 渲染器进行渲染时用得最多的材质类型，本章第一小节对 VRayMtl 材质的各个参数进行详细讲解。第二小节讲解用 VRay 渲染器进行渲染时常用的其他材质类型。对于做效果图时常用材质的设置方法在第三小节做讲解。

　　本章重点：

　　1．熟悉 VRayMtl 材质的参数

　　2．熟练掌握常用材质的设置方法

8.1 VRayMtl 材质参数详解

1. 调整渲染参数

为了在测试 VRayMtl 材质参数时都有一个统一的结果，有必要在一个统一的环境下进行，按 F10 键，打开【渲染设置】对话框，按图 8.1～图 8.8 进行渲染设置。

(1) VRay 为当前渲染器。

(2) 输出大小为 640×480 像素，如图 8.1 所示。

(3) 在渲染器的【全局开关】卷展栏取消选择【默认灯光】复选框，如图 8.2 所示。

图 8.1

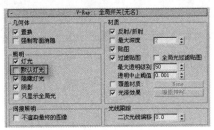

图 8.2

(4) 图像采样器设置为：自适应准蒙特卡洛。

(5) 打开抗锯齿过滤器，并选择 Mitchell-Netravali 选项，如图 8.3 所示。

(6) 展开【间接照明(GI)】卷展栏，进行如下设置，如图 8.4 所示。

图 8.3

图 8.4

(7) 将【发光贴图】卷展栏中的【当前预置】设置成非常低，如图 8.5 所示。

(8) 将【环境】卷展栏中的两个颜色都设置成纯白色，如图 8.6 所示。

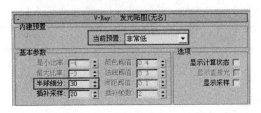

图 8.5

图 8.6

(9) 创建一盏目标聚光灯, 如图 8.7 所示。

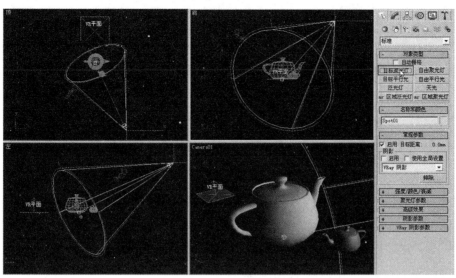

图 8.7

目标聚光灯的参数如图 8.8 所示。

2. 参数详解

打开【材质编辑器】窗口, 装载一个 VRayMtl 材质类型, 如图 8.9 所示。

图 8.8

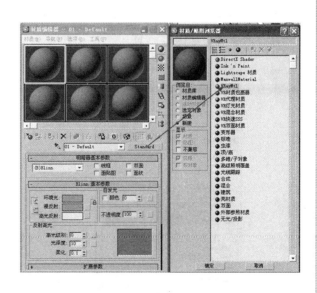

图 8.9

VRay 的标准材质(VRayMtl)是专门配合 VRay 渲染器使用的材质, 因此当使用 VRay 渲染器的时候, 使用这个材质会比 Max 的标准材质(Standard)在渲染速度和细节质量上高很多。其次, 它们有一个重要的区别, 就是 Max 的标准材质(Standard)可以制作假高光(即没有反射现象而只有高光, 但是这种现象在真实世界是不可能实现的)而 VRay 的高光则是和反射的强度息息相关的。还有在使用 VRay 渲染器时只配合 VRay 的材质(VRay 标准材质或其他 VRay 材质)是可以产生焦散效果的,而在使用 Max 的标准材质(Standard)时这种效果是无法产生的。

将该材质命名为"茶壶 1",表面颜色为黄颜色,旁边的小方块装载位图或其他格式的图来给模型做贴图,如图 8.10 所示。

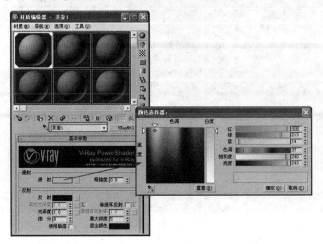

图 8.10

选择第 2 个材质示例球,同样换成 VRayMtl 材质类型,按如图 8.11 所示设置,把该材料指定给小茶壶和 VR 平面物体。

渲染之后得到如图 8.12 所示的结果。

3. 【反射】选项

【反射】选项如图 8.13 所示。

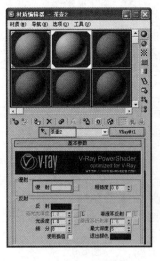

图 8.11

图 8.12

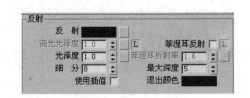

图 8.13

反射的色彩为黑色,表示完全不反射,颜色越浅,反射越强;纯白色表示 100%的反射;红色则表示该材质反射的是红色,如图 8.14 和图 8.15 所示。

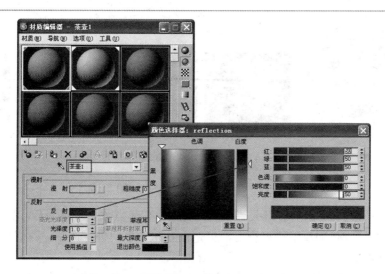

图 8.14

图 8.15

"最大深度"可以理解为反射的次数，当为 1 时，表示反射进行 1 次就停止了，停止之后的颜色用"退出颜色"来代替。图 8.16 所示的是把反射设置成纯白色之后的结果。

图 8.16

"菲涅耳反射"是几乎所有具有反射属性的物体表面都具有的一种现象，当勾选这个复选框时，反射将具有真实世界的玻璃反射。这意味着当角度在光线和表面法线之间角度值接近 0°时，反射将衰减(当光线几乎平行于表面时，反射可见性最大。当光线垂直于表面时几乎没反射发生)。图 8.17 所示是勾选之后的渲染结果，其接近真实。

可以注意到茶壶受光部位比其他部位反射要弱，当"菲涅耳反射"后面的 L 按钮呈突起状态时，"菲涅耳折射率"的数值变得可以调整，值越大受光部位的反射越强，越小则反射更弱。

把"高光光泽度"后面的 L 打开，则可以在 0 和 1 之间调整材质的高光，数值越大高光点越小，如图 8.18 所示。

0.7　　　　　　0.8　　　　　　0.9　　　　　　1

图 8.17　　　　　　　　　　　　　　　　图 8.18

注意："高光光泽度"只有在场景当中有灯光时，高光点才会出现，天光不会有高光产生。

"光泽度"表示物体的反射模糊程度，也是在 0 和 1 之间进行调整，数值越大表示反射越清晰，如图 8.19 所示。

图 8.19

当光泽度越小时，比如当图 8.20 中大茶壶的光泽度为 0.5 时，明显可以看到物体表面的颗粒感，显得比较粗糙，这时就可以利用下面的"细分"来进行控制。

"细分"控制光线的数量，并做出有光泽的反射估算。　当光泽度值为 1.0 时，这个细分值会失去作用(VRay 不会发射光线去估算光泽度)。注意：当值为 8 时，表示 8×8=64 个采样数，值为 20 时，表示 20×20=400 个采样数，增大 1 倍，需要增加 4 倍的时间来进行渲染。

4．【折射】选项

【折射】选项如图 8.21 所示。

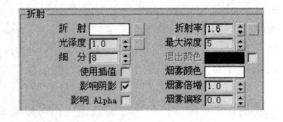

图 8.20　　　　　　　　　　　　　　　　图 8.21

折射就是光线通过物体所发生的弯曲现象，如光线在空气中传播，碰到玻璃物体，光线就会在某个角度发生弯曲，之后光线将会在这个玻璃内部传播，最后在某一点再次被弯曲后离开。

光线被弯曲多少是由这个物体的折射率来决定的，折射率越高光线的弯曲程度越大，1.0 表示光线不会发生弯曲。

在 VRay 的【折射】选项区域中，纯黑色表示物体没有折射现象，也就是说不透明。纯白色表示完全透明。图 8.22 所示的是把折射颜色换成中度灰和纯白之后的渲染结果。

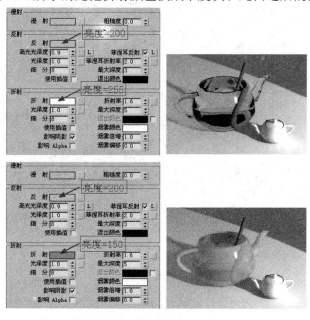

图 8.22

明显可以看到，当折射的颜色为纯白色时，物体完全透明，物体的漫射色彩就没有任何意义了。当折射色彩不是纯白色时，漫射的物体色彩还是可以显示出来的。图 8.23 所示的是去除菲涅耳反射之后的结果和启用菲涅耳反射之后把反射也调成纯白色之后的结果。后者看起来效果更好，实际现在创建的就是清玻璃的基本材质了。

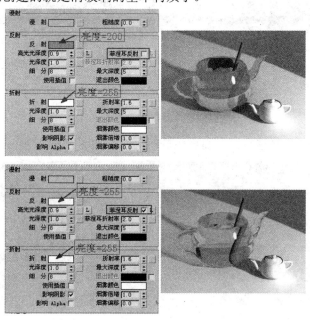

图 8.23

折射率的变化带来的效果如图 8.24 所示。

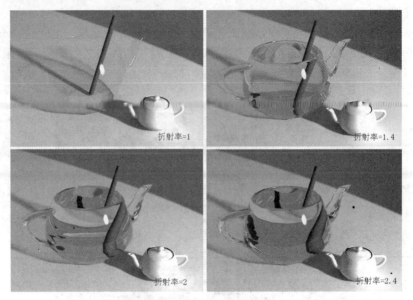

图 8.24

下面来看一下"烟雾颜色"和"烟雾倍增"两个参数，"烟雾颜色"指的是用一个特定的颜色来给折射物体上色，原理是光通过物体时将逐渐失去能量，通过的时间越久，则能量失去的越多，所以较厚的部位会比较薄的部位颜色更暗，可以通过"烟雾倍增"值来控制颜色的深浅。图 8.25 所示的是把"烟雾颜色"调整成浅绿色(R=230，G=240，B=230)之后的渲染结果。

图 8.25

需勾选"影响阴影"复选框，从而产生透明阴影，如图 8.26 所示。

图 8.26

5. 【半透明】选项

【半透明】选项如图 8.27 所示。

图 8.27

【半透明】选项用来控制物体的次表面散射效果，也就是通常说的 SSS，有 3 种类型，分别为硬质感模式(比如蜡烛)，软质感模式(比如海水)，还有它们之间的混合模式。

(1) 背面颜色：用来控制次表面散射的颜色。

(2) 厚度：用来控制光线在物体内部被追踪的深度，也可以理解为光线的最大穿透能力。较大的值会让整个物体被光线穿透，而较小的值会让物体比较薄的地方产生次表面散射现象。

(3) 散布系数：物体内部的散射总量。0 表示光线在所有方向被物体内部散射；1 表示光线在一个方向被物体内部散射，而不考虑物体内部的曲面。

(4) 前/后驱系数：控制光线在物体内部的散射方向。0 表示光线沿着灯光发射的方向向前散射；1 表示光线沿着灯光发射的方向向后散射；0.5 表示各占一半。

(5) 灯光倍增：光线穿透能力的倍增值，值越大散射效果越强。

图 8.28 所示的是典型的 SSS 效果。

6. BRDF 卷展栏

BRDF 卷展栏如图 8.29 所示。

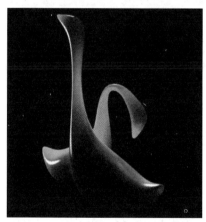

图 8.28

图 8.29

BRDF 卷展栏主要用于控制物体表面的反射特性。当反射的颜色不为黑色和反射模糊不为 1 时，这个功能才有效。

BRDF 现象在物理世界中到处可见，图 8.30 所示的不锈钢锅锅底的高光形状是两个锥形的，这就是 BRDF 现象。这是因为不锈钢表面是一个有规律的均匀的凹槽(大家常见的拉丝效果)，当光反射到这样的表面上时就会产生 BRDF 现象。

图 8.30

7. 【选项】卷展栏

   【选项】卷展栏如图 8.31 所示。

8. 【贴图】卷展栏

   【贴图】卷展栏如图 8.32 所示

图 8.31

图 8.32

8.2　VRay 渲染器常用的其他材质类型

8.2.1　VR 灯光材质

　　这个材质可以指定给物体，并把物体当光源使用，效果和 3ds Max 里的自发光效果类似，用户可以把它制作成材质光源，比如在制作落地灯时，就可以把灯罩的模型指定为 VR 灯光材质，这样就可以当光源使用了，其【参数】卷展栏如图 8.33 所示。

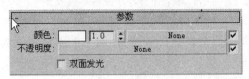

图 8.33

颜色：控制材质光源的发光颜色，如图 8.34 所示。

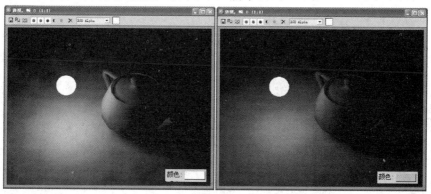

图 8.34

颜色后面的数字微调框用来控制光线的强弱，数字越大光线越强，如图 8.35 所示。

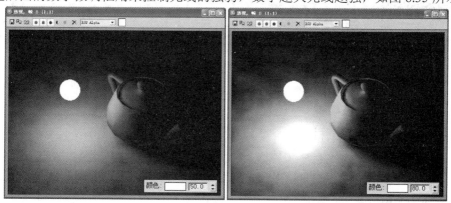

图 8.35

当然也可以用贴图来充当光源，也就是可以通过后面的贴图通道按钮来选择一张贴图。为了让贴图的色彩可以正常地分辨出来，发光的强度就不能很高，但不高的话，又有可能起不到照明的效果，这时就要用到 VR 的材质包裹器来加大该材质的 GI 能力了，从而达到发光的效果，如图 8.36～图 8.37 所示。

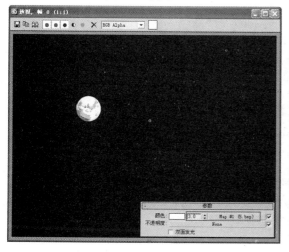

图 8.36

图 8.37

也可以通过贴图的方式来控制该发光物体的不透明度。双面发光指的是可以让物体的两面都发光，这对于平面状物体来说还有用，但对于球体来说就没有什么意义了，谁能看得到球的里面去呢？如图 8.38 所示。

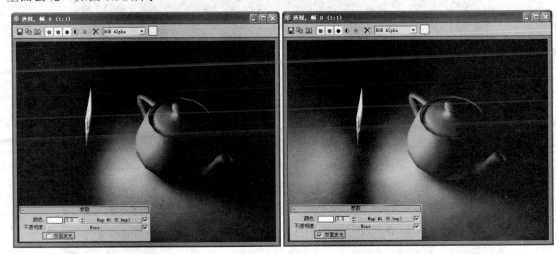

图 8.38

8.2.2　VR 材质包裹器

该材质类型主要用来控制材质的全局光照、焦散和物体的不可见等特性。通过材质包裹器的设定，可以控制所有赋予该材质物体的全局光照、焦散和不可见等特性，其参数如图 8.39 所示。

这个材质的使用方法为：首先要有一个基本材质，如已有一个发光材质，然后当需要调整这个发光材质的全局光照、焦散或不可见特性时，就会把原有材质换成 VR 材质包裹器，原有材质作为材质包裹器的子材质出现在 VR 材质包裹器的基本材质部分。

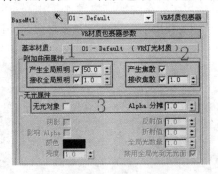

图 8.39
1 区控制全局光照，2 区控制焦散，3 区控制物体的可见性

一般用这个材质类型来改变材质的全局照明属性，焦散一般保持默认状态就可以了，至于无光对象常通过物体的 **VRay** 属性区调整，在这比较少用。全局照明的调整非常简单，只要调整数字就可以了，如图 8.40～图 8.43 所示。

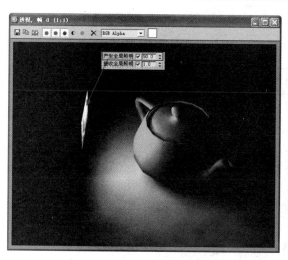

图 8.40

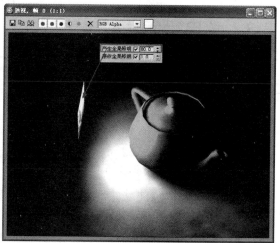

图 8.41

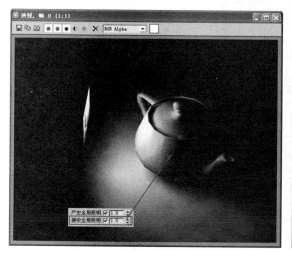

图 8.42

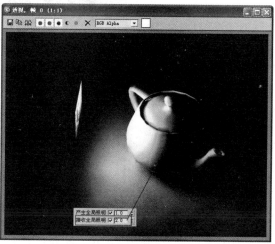

图 8.43

8.2.3　VR 代理材质

图 8.44

　　这个材质可以让用户更广泛地去控制场景的色彩融合、反射、折射等，它主要包括 4 个材质：基本材质、全局光材质、反射材质和折射材质，如图 8.44 所示。

　　这个材质的操作方法也跟材质包裹器一样，有一个基本材质，先把基本材质调整好，如果想让这个基本材质在全局光照明时表现出其他效果，比如颜色改变，就可以在全局光材质处调整出另一个颜色的材质。反射材质和折射材质也可以使基本材质在反射时或折射的时候表现出其他效果。

8.3 常用材质参数设置

本节详细讲解室内设计常用材质的创建和优化方法。优化材质的目的是既能很好地表现材质的属性，又能加快渲染速度。

8.3.1 乳胶漆材质

在主工具栏上单击 按钮，打开【材质编辑器】窗口。选择其中的一个示例球，命名为"乳胶漆"，再单击 Standard 按钮，在打开的【材质/贴图浏览器】对话框中选择 VRayMtl 材质，如图 8.51 所示(注意，这个时候的渲染器是在设置成了【VRay 渲染器】的情况下，VRayMtl 材质类型才会显示出来)。

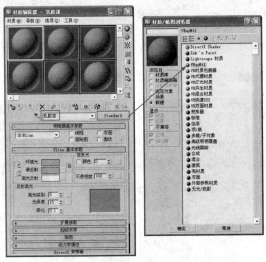

图 8.51

图 8.52 中将亮度设置为 250，也可以根据需要设置成其他颜色。反射为 5，这是为了表现乳胶漆材质的轻微反射，高光光泽度为 0.6，使其表现出不是很锐利的效果，如图 8.52 图～图 8.53 所示。

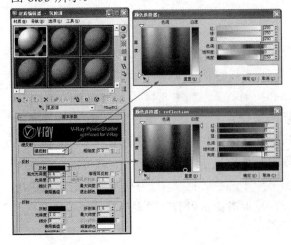

图 8.52

图 8.53

8.3.2　真石漆材质

在【材质编辑器】窗口中选择其中的一个示例球，命名为"真石漆"，设置为 VRayMtl 材质类型。在【漫反射】选项中选择【位图】选项，如图 8.54 所示。

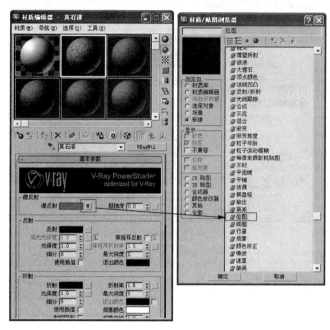

图 8.54

选择图 C-C-001.TIF，如图 8.55 所示。

单击 按钮，回到父对象，把【漫反射】上面的贴图拉到【凹凸】通道上来，注意要以【实例】的方式，如图 8.56 所示。

图 8.55

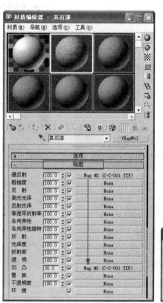

图 8.56

反射和高光方面的参数如图 8.57 所示。

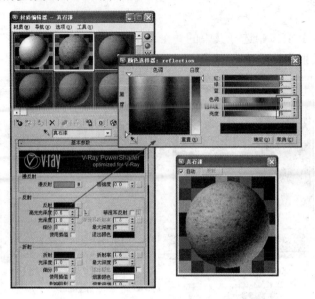

图 8.57

8.3.3 玻璃材质

1. 一般玻璃的制作

首先来做一般的透明玻璃，先把场景打开，单击主工具上的 按钮，目前渲染得到的结果如图 8.58 所示。

选择一个空白的材质示例球，选择玻璃物体，把材质指定给它，命名为"玻璃"，并设置为 VRayMtl 材质类型，如图 8.59 所示。

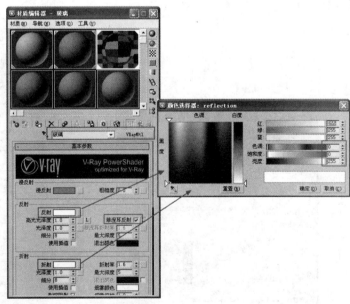

图 8.58   图 8.59

渲染得到的就是最一般的玻璃效果，如图 8.60 所示。

图 8.60

2. 带色玻璃的制作

带色玻璃的制作是在这个基础之上调整烟雾颜色和烟雾倍增就可以了，如图 8.61～图 8.62 所示。

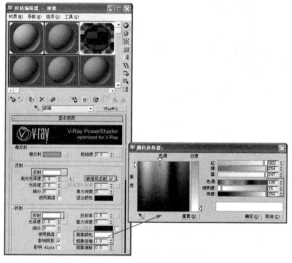

图 8.61

图 8.62

对比一下烟雾颜色和烟雾倍增的效果，如图 8.63 所示。

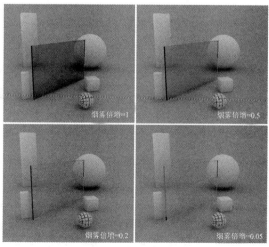

图 8.63

3. 磨砂玻璃的制作

按图 8.64 设置参数。

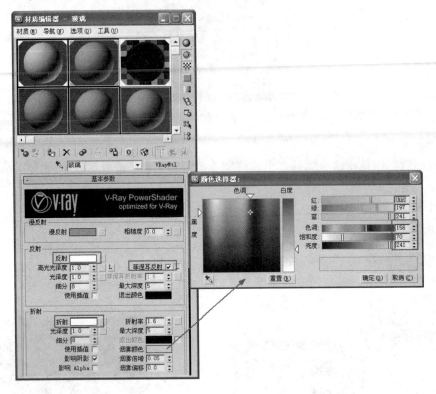

图 8.64

把折射的光泽度改为 0.9，如图 8.65 所示。渲染得到的结果，如图 8.66 所示。

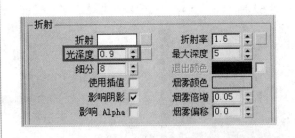

图 8.65

图 8.66

这种改变折射光泽度的方法，在渲染速度上不快，效率不高，下面是一种更快的处理方式，把折射的光泽度改回为 1，在【凹凸】通道上加噪波贴图，如图 8.67 所示。

最终效果如图 8.68 所示。

如果在【凹凸】通道上加上其他的图片，可以产生其他浮雕效果的玻璃，如图 8.69 所示。

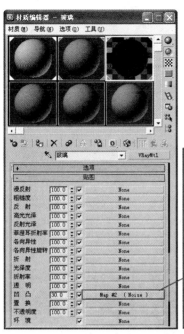

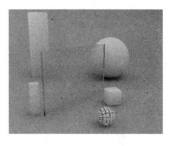

图 8.67

图 8.68

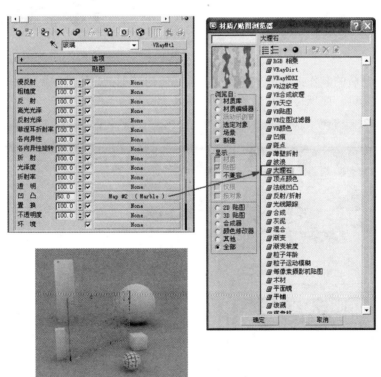

图 8.69

8.3.4　金属材质

　　首先来制作亮光不锈钢材质，在打开的【材质编辑器】窗口中选择一个空白的材质示例球，命名为"亮光不锈钢"，使用 VRayMtl 材质类型，属性设置和最终效果如图 8.70～图 8.71 所示。

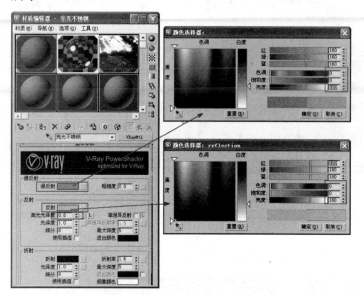

图 8.70　　　　　　　　　　　　　　　　　　　　　图 8.71

　　拉丝不锈钢材质的制作：首先在亮光不锈钢材质的基础上，使反射模糊一些，另外还要表现出拉丝的纹路效果，属性设置和最终效果如图 8.72～图 8.74 所示。

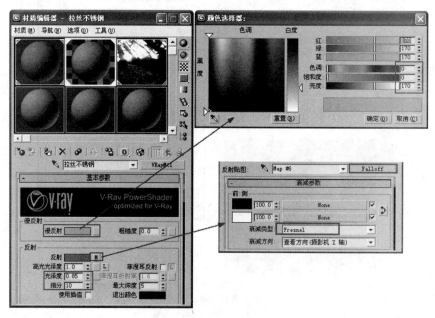

图 8.72

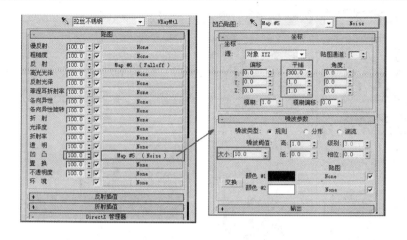

图 8.73   图 8.74

亚光磨砂金属材质具有亚光、细腻光滑、反射小的特性，使用 VRayMtl 材质来调节即可，【材质编辑器】窗口参数如图 8.75 所示，材质的漫反射颜色为纯黑色，越接近黑色，金属颜色的质地越厚重。

图 8.75

铜材质的制作如图 8.76 所示。

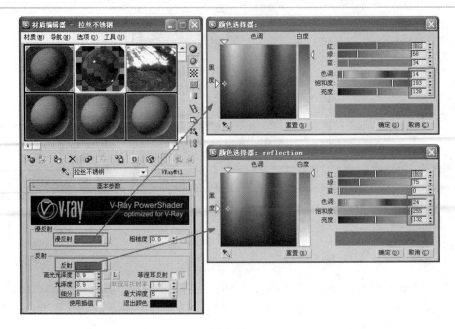

图 8.76

8.3.5 皮料材质

皮料材质的属性设置及效果如图 8.77～图 8.78 所示。

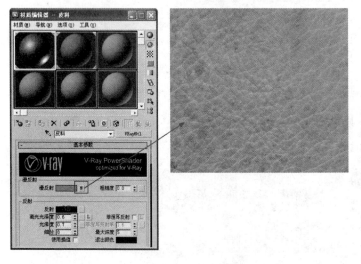

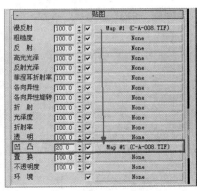

图 8.77   图 8.78

如果是黑色的压花皮料沙发，也可以直接设置【漫反射】为黑色，在【凹凸】通道上加压花纹路就可以了，属性设置及效果如图 8.79～图 8.80 所示。

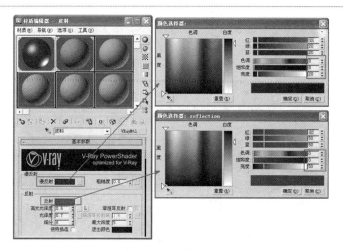

图 8.79

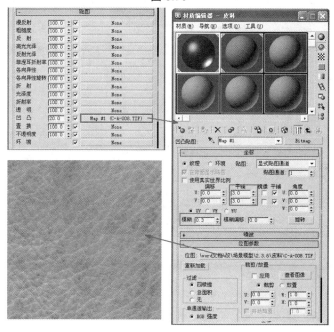

图 8.80

8.3.6　水材质

　　水是人们生活中非常重要的元素之一，在效果图中也是非常难表现的材质，在效果图中，一杯红酒或是 瓶红酒经常会出现在桌面上，因为它可以起到活跃画面气氛、丰富画面色彩的效果，如图 8.81 所示。

图 8.81

在表现水材质的时候，【折射】选项中的【影响阴影】复选框一定要勾选，调整【烟雾颜色】为暗红色，倍增值设置为 0.01，让更多阳光通过，材质会变得更亮，变得清澈。在【选项】卷展栏中勾选【背面反射】复选框，用来计算物体表面的背面反射效果，这样可以避免在红酒的背面出现黑色的阴影，如图 8.82 所示。

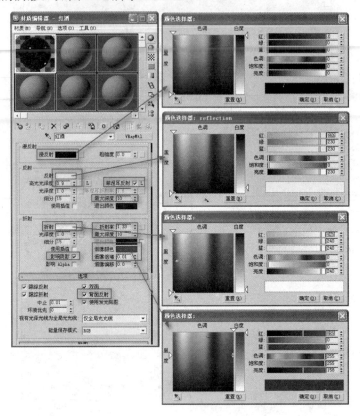

图 8.82

8.3.7 布艺材质

布艺材质包括很多种表现效果，本节讲解 4 种布艺材质的制作方法，包括绸缎桌布、亚麻沙发布、薄纱窗帘材质、床单布艺材质。

1. 绸缎桌布

绸缎桌布效果图如图 8.83 所示。

图 8.83

单击 Standard 按钮，在【材质/贴图浏览器】对话框中选择【虫漆】材质，可理解为在基本材质的基础之上涂了一层亮漆，将【虫漆颜色混合】调节到 100，值越大，融合的【虫漆】材质就越多，如图 8.84 所示。

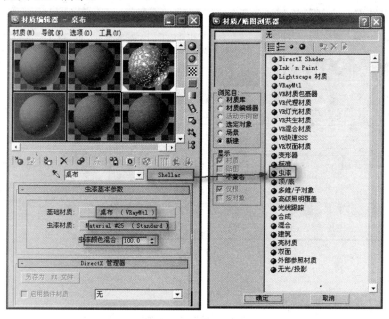

图 8.84

进入【基础材质】卷展栏，在【漫反射】贴图通道上添加【衰减】贴图类型，按图 8.85 所示调整参数。

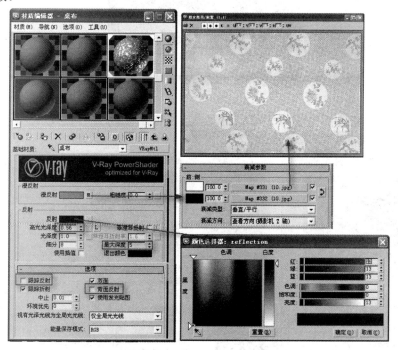

图 8.85

进入【虫漆】卷展栏，选用 Standard 材质，在【明暗器基本参数】卷展栏中选择【金属】

类型，如图 8.86 所示。

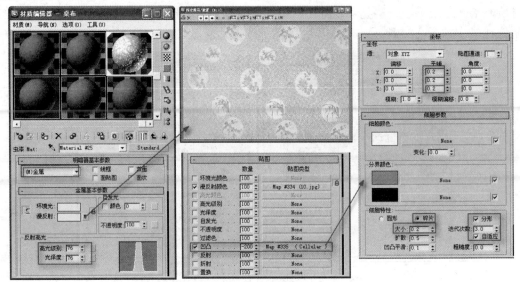

图 8.86

2. 亚麻沙发布

亚麻沙发布效果如图 8.87 所示。

图 8.87

将亚麻布的效果应用在转角沙发上，材质厚重，有强烈的凹凸质感，突出了沙发的庄重。材质参数如图 8.88 所示。

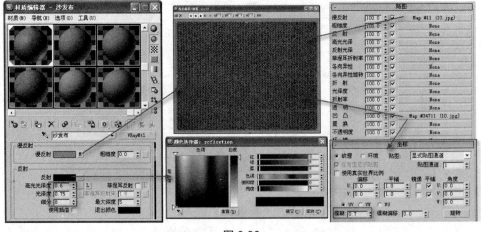

图 8.88

3. 薄纱窗帘材质

薄纱窗帘材质效果如图 8.89 所示。

图 8.89

这种材质轻盈通透，可以增添画面的柔美感，对阳光不会形成遮挡，在地面上可以形成透明的阴影效果，能够更好地提高画面的真实感和动感。材料参数设置如图 8.90 所示。

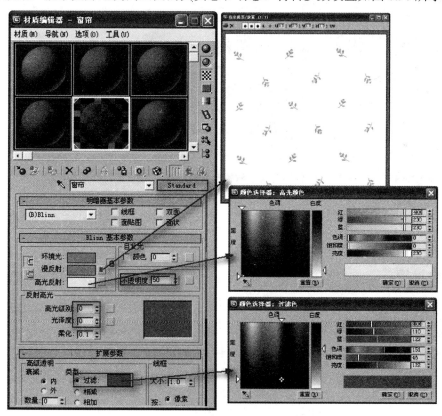

图 8.90

4. 床单布艺材质

做室内效果图时，经常会遇到卧室效果图的表现，在卧室中床又是必不可少的物件，所以床上用品的表现尤为重要，床单布艺材质效果如图 8.91 所示，材料参数的设置如图 8.92 所示。

图 8.91

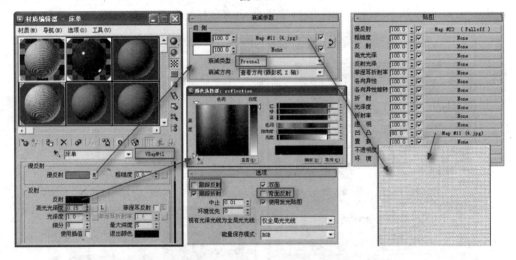

图 8.92

8.3.8 植物材质

植物在人们的生活中是必不可少的，可以美化环境，有益于身心健康。在效果图中同样起着举足轻重的作用，既丰富了画面效果，增加了画面色彩，又可以突出空间感和画面的真实性。

不同的植物各个部分的材质各不相同，但调节的方法大致相同，以一盆龟背竹为例，如图 8.93 所示，分别来讲解花叶材质、花茎材质、花土材质和花盆材质的编辑。

1. 花叶材质

花叶材质的参数设置和效果如图 8.94 所示。

图 8.93

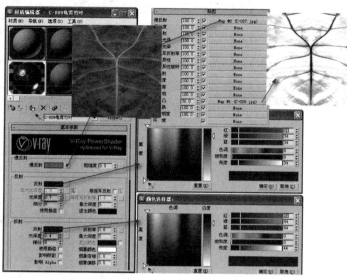

图 8.94

2. 花茎材质

花茎材质的参数设置和效果如图 8.95 所示。

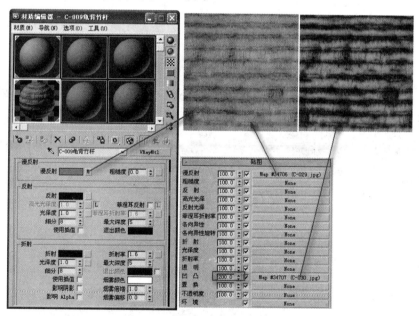

图 8.95

3. 花土材质

花土材质的参数设置和效果如图 8.96 所示。

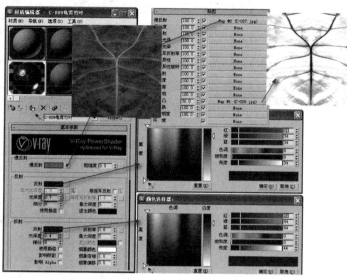

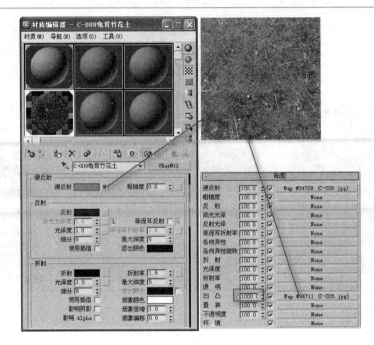

图 8.96

4. 花盆材质

虽然每盆植物都有一个专用的花盆，但是调节的方法大致相同。将龟背竹的花盆调成一种磨砂金属的材质，方法如图 8.97 所示。

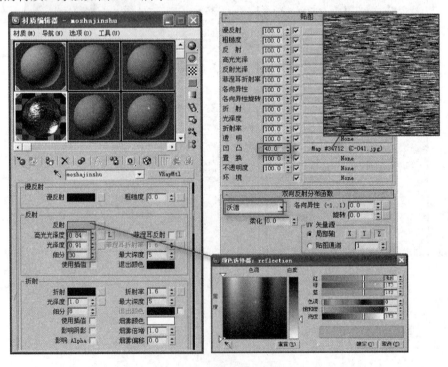

图 8.97

8.3.9　藤条材质

藤条材质的效果图如图 8.98 所示。

图 8.98

藤条材质在室内效果图中使用得非常频繁，可以把它用在任何物体上，但大多数还是赋予沙发和摇椅，既作为场景空间的点缀，又丰富了画面中的材质种类，无论在色彩还是纹理上，都有着独特的魅力，参数设置及效果如图 8.99 所示。

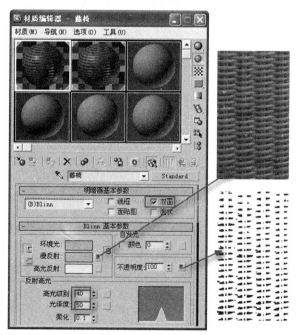

图 8.99

本 章 小 结

本章以详细的图示讲解了 VRayMtl 材质参数的调整和其他几个常用材质的调整方法，重点讲解了在做建筑效果图时经常需要编辑的几种材质(乳胶漆、真石漆、玻璃、金属、皮料、水、布艺、植物、藤条)的调节方法，为在实际案例中具体使用打下基础。

习 题

操作题

自己建立一个室内场景，给场景中的物体赋予材质，要求本节所讲解的乳胶漆、玻璃、金属、皮料、水、布艺、植物、藤条等材质都在场景中有所体现。

第9章　灯光设置

　　很多效果图教程都对真实物理世界中的光影一带而过，然而对任何希望创作出逼真效果图像的人来说，都要对光在真实物理世界中的行为有很好的理解。不然，很多初学者盲目地学习软件的操作技术，丢掉了这个很重要的依据，结果连自己也不知道该如何去表现效果，以致整个场景的灯光乱七八糟。不但摄影师和画家要对光线有很好的理解，光对任何艺术都是至关重要的元素。不能很好地理解光线很难完成优秀写实作品。做效果图也一样，充分地理解基于真实物理世界的光影关系是效果图表现的第一步！

本章重点：

1．认识真实世界中的光影关系

2．熟练掌握 3ds Max 中的灯光调整方法

3．熟练掌握 VRay 中的灯光调整方法

4．能够根据不同的环境需要，创建具有不同投影效果的灯光

9.1　真实世界中的光影

9.1.1　真实世界中的光影关系

在这里先通过一个示意图来说明真实物理世界的光影关系，如图 9.1 所示。这里表示的是大约下午 3 点的光影关系，可以看出主要光源是太阳光，在太阳光通过天空到达地面以及被地面反弹出去的这一过程中，就形成了天光，而天光也就成为第二光源。

从图 9.1 中可以看出，太阳光产生的阴影比较实，而天光产生的阴影比较虚(见球的暗部)。这是因为太阳光类似于平行光，所以产生的阴影比较实；而天光从四面八方照射球体，没有方向性，所以产生了虚而柔和的阴影。

再来看球体的亮部(就是太阳光直接照射的地方)，它同时受到了太阳光和天光的作用，但是由于太阳光的亮度比较大，所以它主要呈现的是太阳光的颜色；而暗部没有被太阳光照射，只受到了天光的作用，所以它呈现出的是天光的蓝色。在球的底部，由于光线照射到比较绿的草地上，反弹出带绿色的光线，影响到白色球的表面，形成了辐射现象，而呈现出带有草地颜色的绿色。

在球体的暗部，还可以看到阴影有着丰富的灰度变化，这不仅是因为天光照射到了暗部，更多的是由于天光和球体之间存在着光线反弹，球和地面的距离以及反弹面积影响着最后暗部的阴影变化。如图 9.2 所示，在球与卡片之间相互反射的光主要也是蓝色的(尽管球体与卡片都是白色)，因为这是蓝色天光被白色物体反射的效果。表面靠得近的区域会比表面相对较远的区域接收到更多的反射光，因为底部与卡片之间距离相较近，所以球的底部会比球的中部亮。

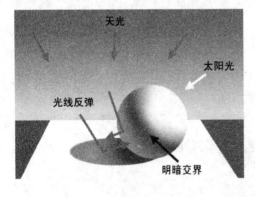

图 9.1　　　　　　　　　　　　　　图 9.2

蓝色天光投射的很强烈的颜色会对场景中的所有物体产生影响。球的投影由于被蓝色天光直接照射同时球体又挡住了来自太阳的白光，所以球的投影是蓝色的。还有，没有被太阳光直接照射的部分也是蓝色的，因为天光可照射到该区域。

那么，在真实物理世界里的阳光的阴影为什么会有点虚边呢？图 9.3 所示为真实物理世界中的阳光的虚边。

在真实物理世界中,太阳是个很大的球体,但是它离地球很远,所以发出的光到达地球后,都近似于平行光,但是就因为它实际上不是平行光,所以地球上的物体在阳光的照射下会产生虚边,而这个虚边也可以近似地计算出来:(太阳的半径 / 太阳到地球的距离)×物体在地球上的投影距离≈0.00465×物体在地球上的投影距离。从这个计算公式可以得出,一个身高1700mm 的人,在太阳照射夹角为 45°时,头部产生的阴影虚边大约应该为 11mm。根据这个科学依据,可以使用 VRay 的球光来模拟真实物理世界中的阳光,要控制好 VRay 球光的半径和它到世界中的真实阴影。

那为什么天光在白天的大多数时间是蓝色的,而在早晨和黄昏又不一样呢?

大气本身是无色的,天空的蓝色是大气分子、冰晶、水滴等和阳光共同创作的景象。太阳发出的白光是由紫、青、蓝、绿、黄、橙、红光组成的,它们波长依次增加,当阳光进入大气层时,波长较长的色光(如红光)透射力强,能透过大气射向地面;而波长较短的紫、蓝、青色光,碰到大气分子、冰晶、水滴等时,就很容易发生散射现象,被散射了的紫、蓝、青色光布满天空,就使天空呈现出一片蔚蓝,图 9.4 展示了蔚蓝天空的效果。

图 9.3

图 9.4

而在早晨和黄昏时,太阳光穿透大气层到达观察者所经过的路程要比中午的时候长得多,更多的光被散射和反射,所以光线也没有中午的时候明亮。因为在到达所观察的地方时,波长较短的蓝色和紫色的光几乎已经散射殆尽,只剩下波长较长,穿透力较强的橙色和红色的光,所以随着太阳慢慢升起,天空的颜色是从红色变成橙色的,这就是为什么夕阳是红色的原因,如图 9.5 所示。

图 9.5

接下来了解一下光线反弹。当白光照射到物体上时，物体会吸收一部分光线和反弹一部分光线，吸收和反弹的多少取决于物体本身的物理属性。当遇到白色的物体时光线就会全部被反弹，当遇到黑色的物体时光线就会全部被吸收(当然，真实物理世界中是找不到纯白或者纯黑的物体的)，也就是说反弹光线的多少是由物体表面的亮度决定的。当白光照射到红色的物体上时，物体反射的光子就是红色的(其他光子都被吸收了)。当这些光子沿着它的路线照射到其他表面时将是红光，这种现象叫做辐射，因此相互靠近的物体颜色会受到影响。如图9.6所示，笔的黄色部分在光线的照射下，辐射在书本上。在使用 VRay 渲染效果图时，常会遇到溢色问题，这需要对材质进行处理。

图 9.6

9.1.2　真实世界的光影再现

在人们生活的世界里，主要的光就来自太阳，它给大自然带来了丰富美丽的变化，让人们看到了日出、日落，感受到了冷暖。接下来将详细探讨不同时刻和天气的光影关系及表现。

1. 中午时分

在一天的中午时分，这时的太阳光直射是最强的，对比也是最大的，阴影也比较黑，相比其他时刻，中午的阴影的层次变化也要少一点。

在强烈的光照下，物体的饱和度看起来会比其他时刻低一些，而阴影细节变化却不丰富。为了在真实的基础上来表现更优秀的效果图，选择中午时刻来表现并不是不可以，但是相比其他时刻来说，表现力度和画面的层次要弱一些。

从图9.7中可以看出，这是个中午时刻的画面，画面的对比很强烈，暗部阴影比较黑，而变化层次相对较少。

2. 下午时分

在下午这段时间里(大约是 14：30～17：30)，阳光的颜色会慢慢变得暖和一点，而照射的对比度也慢慢地降低，同时饱和度慢慢地增加，天光产生的阴影也随着太阳高度的下降而变得更加丰富。

大体来说，下午的阳光会慢慢地变暖，而暖的色彩和比较柔和的阴影会让人们的眼睛观察起来感到更舒服，特别是在日落前大约 1 个小时的时间里，这样的现象更加明显，很多摄影师都会抓住这段黄金时刻去拍摄美丽的风景。

色彩的饱和度在这个时刻变得比较高，高光的暖调和暗部的冷调，给人们带来了丰富视觉感受。选择这个时刻作为效果图的表现时刻，比起中午的时刻要好很多，因为此时不管是色彩还是阴影的细节都要强于中午，如图9.8所示。

<table>
<tr><td style="text-align:center">图 9.7</td><td style="text-align:center">图 9.8</td></tr>
</table>

图 9.7 图 9.8

3. 黄昏时分

黄昏在一天中是非常特别的，经常给人们带来美丽的景象。当太阳落山时，天空中的主要光源就是天光，而天光的光线比较柔和，它给人们带来了一个柔和的阴影和一个比较低的对比度，同时色彩也变得更加丰富。

在黄昏的自然环境下，如果有室内的黄色或者橙色的灯光对比，整体的画面会让人感觉到无比的美丽与和谐，所以黄昏时刻的光影关系也比较适合表现效果图。

从图 9.9 和图 9.10 可以看出，此时太阳附近的天空呈现红色，而附近的云呈现蓝紫色，由于太阳已经落山，光线不强，被大气散射产生的天光亮度也随着降低，阴影部分变暗了很多，同时整个画面的饱和度也增加了。

图 9.9 图 9.10

4. 阴天

阴天的光线变化多样，这主要取决于云层的厚度和高度。可能和大家平常的看法有点不一样，其实阴天也能得到一个美丽的画面，因为在整个天空中只有一个光源，它是被大气和云层散射的光，所以光线和阴影都比较柔和，对比度比较低，色彩的饱和度比较高。

阴天里的天光的色彩主要取决于太阳的高度(虽然是阴天，但太阳还是躲在云层后面的)。通过观察和分析，可以发现在太阳高度比较高的情况下，阴天的天光主要呈现出灰白色；而当太阳的高度比较低，特别是快落山时，天光的色彩就发生了变化，这时天光呈现蓝色，如图 9.11所示。

图 9.11

9.2 3ds Max 中的灯光

在三维场景中灯光的作用不仅是将物体照亮,而是要通过灯光效果向观众传达更多的信息,也就是通过灯光来决定这一场景的基调或是感觉,烘托场景气氛。要达到场景最终的真实效果,需要建立许多不同的灯光,因为在现实世界中光源是多方面的,如阳光、烛光、荧光灯等,在这些不同光源的影响下所观察到的事物效果也会不同。

3ds Max 中的灯光分为两部分:标准灯光和光度学灯光,其选项类型分别如图 9.12～图 9.13 所示。

图 9.12

图 9.13

9.2.1 标准灯光

以聚光灯为例,其他灯光参数基本类似。分为 Target Spot(目标聚光灯)和 Free Spot(自由聚光灯),这是在三维场景中常用的一种灯光。由于这种灯光有照射方向和照射范围,所以可以对物体进行选择性的照射。

下面建立一个小的场景,在场景中进行灯光的创建练习。

(1) 在场景中建立 4 个球体和一个立方体,并按图 9.14 所示的位置放置物体,作为灯光练习的小场景。

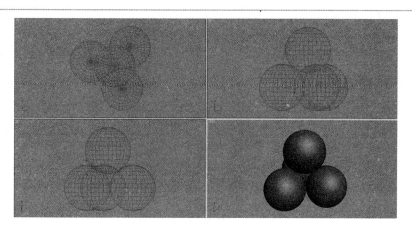

图 9.14

(2) 以默认参数创建一个目标聚光灯，如图 9.15 所示。将鼠标移至前视图中，单击鼠标由右上方向左下方拖动，松开。这时一个目标聚光灯的场景就创建完成了。

图 9.15

注意：开始建立的位置就是聚光灯，结束点为目标点，是灯光照射的方向。

(3) 在工具栏中选择【移动】工具，分别对光源与目标点进行移动调整，参照图 9.16 所示位置放置灯光。

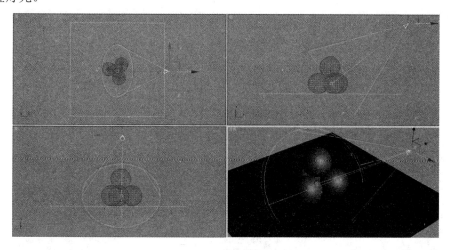

图 9.16

(4) 渲染透视视窗场景效果如图 9.17 所示，没有投影。

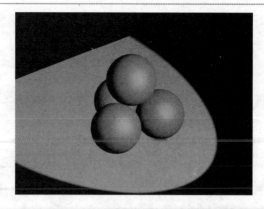

图 9.17

(5) 进入【Modify(修改)】命令面板 ，对灯光的参数进行设定。包括 9 个卷展栏，如图 9.18 所示。

对这些卷展栏中的参数进行分别调整，会出现不同的效果。

① 【常规参数】卷展栏 如图 9.19 所示。

在这个卷展栏中可对灯光的一般参数如是否启用灯光、是否启用投影等进行调整，并且可以进行排除照射物体的设置。当启用阴影时，灯光才会正常投射阴影，如图 9.20 所示。

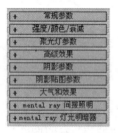

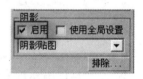

图 9.18   图 9.19   图 9.20

渲染结果如图 9.21 所示。

② 【聚光灯参数】卷展栏 ，如图 9.22 所示。

图 9.21   图 9.22

【聚光灯参数】卷展栏主要对灯光的内外光圈与照射范围进行调整。

☐ **显示光锥**　则灯光在没有被选择的情况下，聚光灯的光锥不会显示出来，如图 9.23 所示。

☑ **显示光锥**　则灯光在没有被选择的情况下，聚光灯的光锥也会显示出来，如图 9.24 所示。

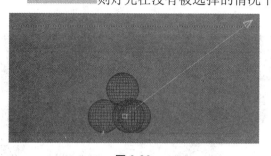 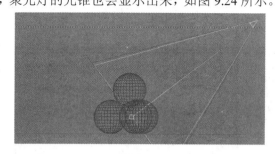

图 9.23　　　　　　　　　　　　　　　图 9.24

☑ **泛光化**　如果勾选的话，则聚光灯还可以像泛光灯一样，在四面八方产生照明效果。

☐ **泛光化**　没有勾选的结果如图 9.25 所示。

☑ **泛光化**　勾选之后的结果如图 9.26 所示。

 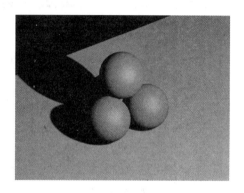

图 9.25　　　　　　　　　　　　　　　图 9.26

　　值得注意的是：虽然产生了像泛光灯一样的照明效果，但是也只有在聚光灯光锥范围之内的物体才会真正地产生阴影，如图 9.27 所示。

聚光区/光束: 29.0　**衰减区/区域:** 55.3　这两个值差距越大的话，则过渡越柔和，如图 9.28 所示。

 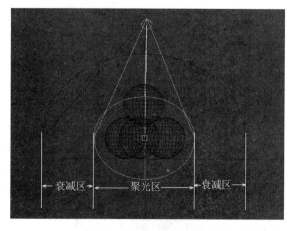

这个球体在光锥范围之外，所以虽然有照明但不会产生投影。

衰减区　　聚光区　　衰减区

图 9.27　　　　　　　　　　　　　　　图 9.28

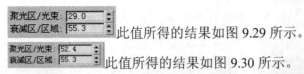此值所得的结果如图 9.29 所示。

此值所得的结果如图 9.30 所示。

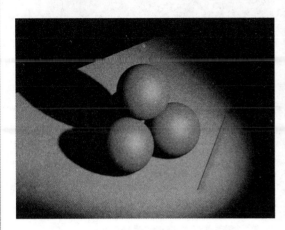

图 9.29

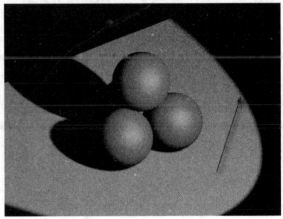

图 9.30

③ 【强度/颜色/衰减】卷展栏 如图 9.31 所示。

这个卷展栏主要对灯光的强度、颜色和衰减进行设置，以模拟真实灯光的效果。

倍增值越大，灯光越亮，是调节灯光亮度的关键参数。

系统提供的衰减方式，有倒数和平方反比两种形式。在效果图的制作过程中，使用这两种衰减方式的机会不多，常用的是图 9.32 所示的手工衰减方式的设置。

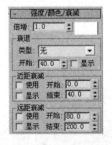

图 9.31

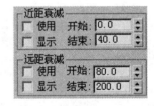

图 9.32

图 9.33

近距衰减和远距衰减是手工调节的衰减方式。近距衰减指的是从灯光位置到衰减圈，灯光是从无到有的，到衰减圈的位置，灯光达到最强，这种现象和人们的现实经验不符，因此也比较少用，如图 9.33 所示。

用得最多的是远距衰减，指的是灯光从开始区域最亮，一直到结束区域结束，如图 9.34 所示。

④ 【阴影参数】卷展栏 ![+ 阴影参数]如图 9.35 所示。在【阴影参数】卷展栏中可设置灯光的投影方式，可确定是否对使被照射物体投射阴影。

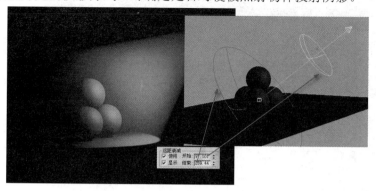

图 9.34

图 9.35

9.2.2　光度学灯光

光度学灯光分为目标灯光和自由灯光两种类型。

其与普通类型的灯光区别在于图 9.36 所示卷展栏和普通类型灯光的不一样。

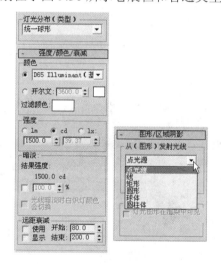

图 9.36

特别是灯光的"分布"，当分布方式为【光度学 Web】方式时，可以选用不同的光域网文件，得到不同的光照效果，图 9.37 所示是选用不同的光域网文件得到的光线效果。

图 9.37

下面就来使用光域网文件，为墙壁上的筒灯设置灯光，在前视图筒灯所在的位置单击，生成光源，向着壁画所在的位置拉出光的方向，如图 9.38 所示。

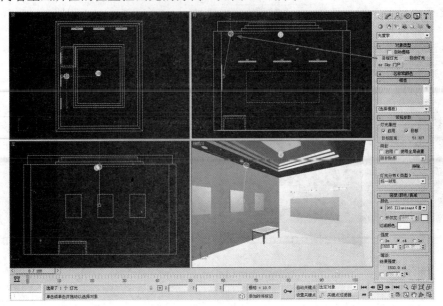

图 9.38

在顶视图中观察，把灯光和光源模型对齐，并按住 Shift 键用移动工具 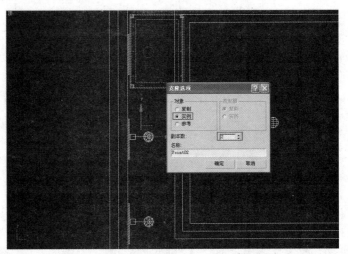 以实例的方式复制出两盏，如图 9.39 所示。(之所以用实例的方式，是因为这样可以方便地通过改变其中的任何一盏灯光的方法来改变其他灯光，而不需要每一盏都单独设置。在灯光多的时候，这一点至关重要)。

图 9.39

注意：在移动灯光或复制灯光时，要同时选择光源两个目标点，可以用单击它们之间的连线的方法快速选择。

选择一盏灯光的光源，进入【修改命令】面板，进行图 9.40 所示的设置，在【WEB 参数】卷展栏中选择一个合适的光域网文件。

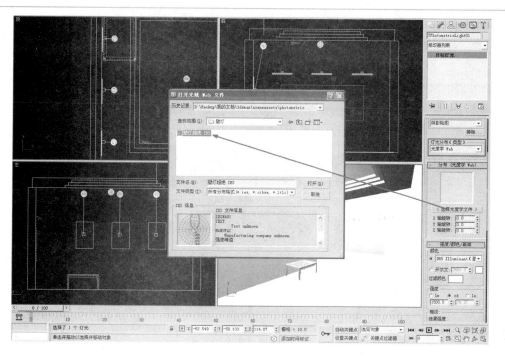

图 9.40

注意: 一旦把"分布"方式换成【光度学 Web】的方式(或称光域网的方式)之后,就会增加一个【分布(光度学 Web)】卷展栏,必须在这个卷展栏下选择一个 Web 文件。

每一个光域网文件都会有一个默认的灯光强度,有时这个强度是需要更改的,渲染之后会发现,默认的灯光强度有点太大了,调整之后得到图 9.41 所示的效果。

图 9.41

9.3 VRay 中的灯光

在进行该部分之前,要确保当前的渲染器是 VRay 渲染器,VRay 渲染器除了支持 3ds Max 标准灯光和光度学灯光之外,还为用户提供了"VR 灯光"、"VRayIES"和"VR 阳光"的灯光类型,如图 9.42 所示。

其中 VR 灯光是用的最广泛的一种灯光类型，有平面、穹顶、球体 3 种形状，VRayIES
灯光是新增加的一种灯光类型，可以采用在光度学灯光中常用的光域网文件来进行照明，如
图 9.43 所示。

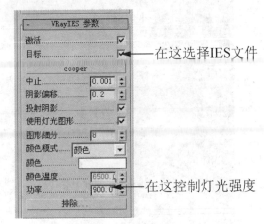

图 9.42   图 9.43

VR 太阳主要用来模拟室外的太阳光照明，常用在室外建筑渲染时，在创建时会询问是否
自动添加一张 VR 天空环境贴图，单击【是】按钮，如图 9.44 所示。

这张图会出现在如图 9.45 所示位置。

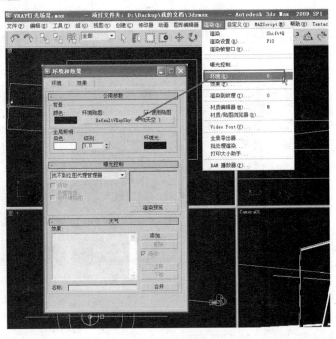

图 9.44   图 9.45

VR 太阳的强度一般是非常强的，需要把【强度倍增器】改小，如图 9.46 所示。

图 9.46

来看一下 VR 灯光的使用,确保目前使用的渲染器是 VRay 渲染器,确保环境贴图里没有 VRay 天光,如果有的话,就在按钮上面右击,清空,如图 9.47 所示。

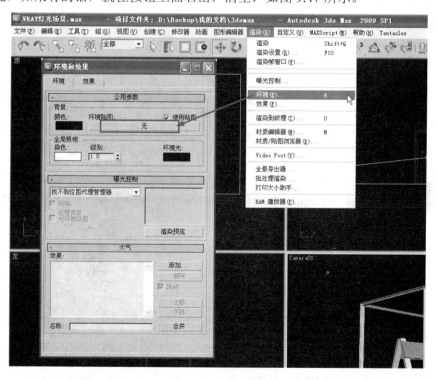

图 9.47

首先是创建,在默认情况下,创建的是平面形状的灯光,创建方法跟画矩形一样,拉出对角即可,如图 9.48 所示。

可以使用【移动】、【旋转】和【缩放】工具来调整灯光的位置和入射的角度,下面来测试渲染,看看 VRay 灯光的一些特性,按图 9.49 所示进行渲染器的简单设置。

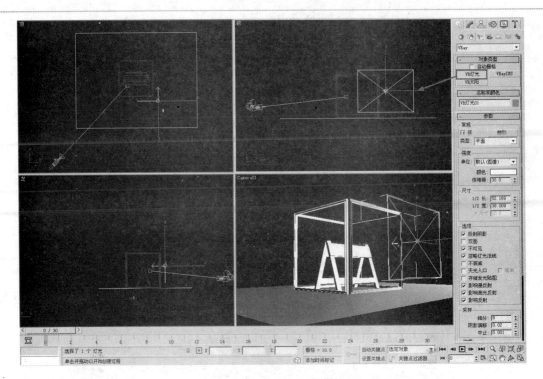

图 9.48

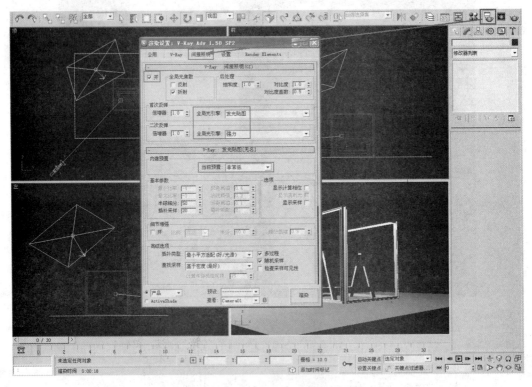

图 9.49

灯光的亮度主要是通过【倍增器】来进行控制，同时灯光的亮度还和灯光的尺寸大小有关，场景的亮度同时还会影响渲染的时间，如图 9.50～图 9.51 所示。

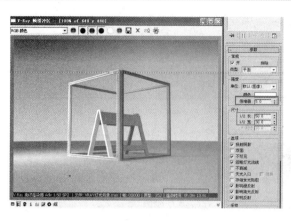

图 9.50

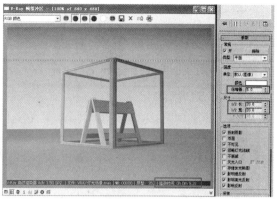

图 9.51

一般来说，【不可见】复选框是要勾选的，如图 9.52 所示。

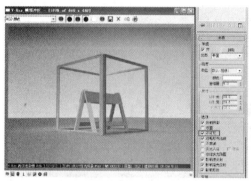

图 9.52

在顶视图上单击，创建一穹顶形的 VRay 灯光，这种灯光主要用来模拟天光，如图 9.53 所示。

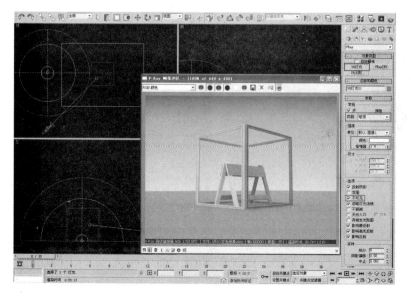

图 9.53

把灯光的位置移动，或左或右，渲染之后发现结果是一样的，也就是说穹顶灯光的位置是不会影响渲染结果的，但旋转穹顶灯光的方向，将会对渲染结果有影响。

VRay 灯光的球体灯光主要用来模拟点状光源，比如灯泡或太阳发出的光，由半径值来调整发光体的大小，和平面形状的灯光一样，光线的强度除了和倍增值有关还和半径值的大小有关，如图 9.54 所示。

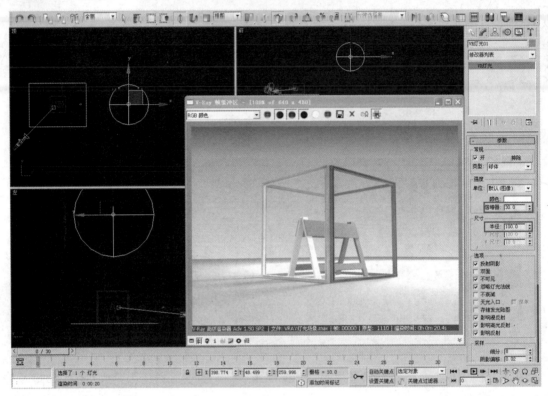

图 9.54

9.4　灯光的投影研究

打开"灯光的投影研究"场景文件，首先在场景中如图 9.55 所示的位置处创建一个光度学的目标灯光，进入【修改命令】面板，按图 9.55 所示调整灯光的参数。

渲染得到图 9.56 所示的区域阴影效果，近实远虚，是一种非常真实的灯光投影效果，这是因为用的是"VRay 阴影"类型，且勾选了【区域阴影】复选框效果。

图 9.57 所示是没有勾选【区域阴影】复选框的效果，同时渲染速度也加快了。

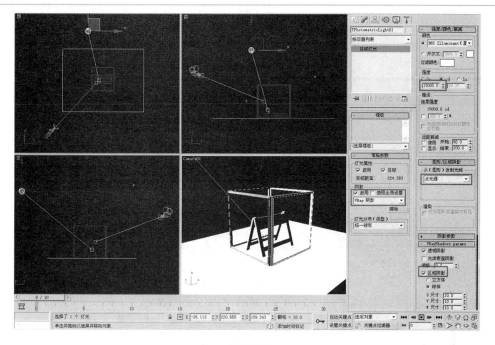

图 9.55

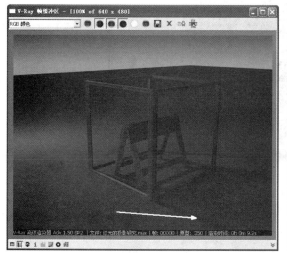

图 9.56

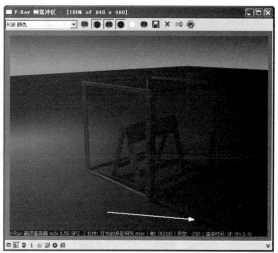

图 9.57

　　实际上，区域阴影的效果是通过阴影的面积来模拟阴影的近实远虚效果的，对比如图 9.58～图 9.59 所示的设置。

　　如果选择的是球体类型的话，只需要调整 U 尺寸就可以了，它表示的是球体的半径，如果选择的是立方体类型的话，那就可以分别调整 U、V、W 方向的尺寸从而得到更多的变化，一般只要用球体类型即可。

　　在 V-Ray Adv 1.50 SP2 版本中，不支持【mental ray 阴影贴图】和【光线跟踪阴影】类型，其他阴影类型都支持，但建议大家在使用 VRay 渲染时都把灯光的阴影类型调整成 VRay 阴影，如图 9.60 所示。

图 9.58

图 9.59

图 9.60

也可以给灯光增加体积光效果，图9.61所示是各种阴影类型添加体积光之后的效果比较。

图 9.61

下面来研究一下阴影的细腻程度，以 VRay 阴影为例，勾选【区域阴影】复选框，设置 U 尺寸为 10，得到的效果不错，如图 9.62 所示。

图 9.62

如果想让近实远虚效果更明显一些，可以把 U 尺寸加大，如图 9.63 所示。

图 9.63

阴影产生了非常严重的颗粒感觉，这是因为阴影扩散到更大范围以后，阴影的细分不够造成的，可以把细分由 8 改成 50，得到图 9.64 所示的结果，颗粒感明显减轻，细节增多。

图 9.64

综上所述：

(1) 在表现太阳光时，一般用标准灯光中的目标平行光，启用 VRay 阴影，阳光直射比较强烈时，【VRay 阴影属性】面板中的【区域阴影】复选框不勾选，不是很强列时，一般都会勾选【区域阴影】复选框，但区域阴影的尺寸设置的都不大，这样可以得到相对比较锐利的投影，且没有严重的颗粒感。

(2) 在表现天光的照明时，一般采用 VRay 灯光中的穹顶光，可以产生非常柔和的天光照明效果，在表现从窗户口照射进来的天光时，常创建一个和窗户口一般大小的 VRay 灯光中的平面光，渲染速度更快，效果更好。

本 章 小 结

通过本章的学习，读者应当对 3ds Max 中的灯光(光度学灯光、标准灯光)和 VRay 中的灯光的使用有了比较详细的了解。学习的重点为如何选择灯光以及如何设置相应的参数来营造合适的氛围。

习 题

一、简述题

1. 光度学灯光与标准灯光的区别有哪些？
2. 如何控制灯光的衰减效果。

二、操作题

试建立一个场景并为其创建天光和太阳光效果。

第10章 效果图的美学知识

目前很多从事建筑表现图制作的人员只是一味地强调软件的技法、工具命令，而忽略了最终提高自己制作水平的是自身的思维方式和美学理论基础，因此在进入正式的案例学习之前，有必要让大家对美学理论基础有一定的了解，而在建筑表现图中所运用到的就是构成中最基本的因素——平面构成和色彩构成。好好地研究一下构成艺术与建筑表现图的关系及在建筑表现图制作中的作用是很有必要的。

本章重点：
构成在建筑表现图中所发挥的重要作用

10.1 构成的分类

所谓构成，是一种造型概念，也是现代造型设计用语，构成由平面构成、色彩构成、立体构成、光构成等部分组成，接下来将着重介绍平面构成和色彩构成。

10.1.1 平面构成在表现图中的运用

1. 平面构成的概念

平面构成主要研究二维空间设计规律和设计方法论，它从纯粹视觉审美和视觉心理的角度寻求组成平面的各种可能性和可行性，从这个意义上讲，平面构成是关于平面设计的思维方式和方法论。

2. 平面构成的应用

仔细观察下面各图的构图，其中分别运用了平面构成中相应的构成形式。图10.1～图10.3所示的是平面构成三要素中点、线、面的直接体现。

图 10.1   图 10.2

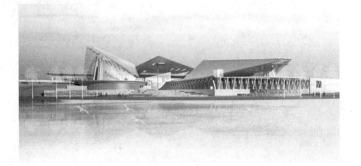

图 10.3

3. 平面构成形式美法则

平面构成形式美法则主要是和谐、对称、均衡、韵律、秩序、材质、肌理、比例、结构、层次、渐变。这一基本法则有助于人们对表现图构图形式的理解与制作。只有抓住了表观图的构图本质，才能抓住根本，才能制作出更加完美的作品，如图 10.4 所示。

图 10.4

4. 平面构成基本元素

1）点的运用

点在建筑表现图后期配景中可以起到画龙点睛的作用，为表现图添加一些点的元素可以增色不少，例如可以添加一些植物，用单体或几株植物零星点缀。点的合理运用是后期表现师创造力的延伸，其表现手法有自由、阵列、旋转、放射、节奏、特异等，采取不同的排列方式会产生不同的视觉效果。点具有一种轻松、随意的装饰美，是后期配景设计的重要组成部分。点的运用如图 10.5～图 10.6 所示。

图 10.5

图 10.6

2）线的运用

在这里所称的线是指用植物栽种的线或是重新组合而构成的线。线可分直线和曲线两种。要把配景图案化、工艺化，线的运用是基础，线的粗细可产生远近的关系。同时，线有很强的方向性，直线庄重有上升之感，而曲线有自由流动、柔美之感。神以线而传，形以线而立，色以线而明,配景中的线不仅具有装饰美,还充溢着一股生命活力的流动美。线的运用如图 10.7～图 10.8 所示。

图 10.7

图 10.8

3) 面的运用

表现图中的面主要指的是绿地草坪、各种形式的绿墙、交通工具以及配楼等。它是构图中最主要的表现手法。面的形状可以是各种各样的,如多边形、不规则几何形体等,可将面平铺、层叠或相交,其表现力非常丰富。面的运用如图 10.9～图 10.10 所示。

图 10.9

图 10.10

5. 表现图设计的构成要求

在强调构成艺术的同时，也不能忽视表现图设计的特殊性。构成艺术着眼于形式，而作为表现图设计师首先要考虑的应该是设计对象的内容。表现图的形式是园林内容存在的方式，没有无形式的内容，也没有无内容的形式。表现图的内容决定其形式，表现图的形式依赖于内容来表达主题。同时，恰当的形式又可以充分地展现内容，很好地表达主题。形式美是艺术发展和生存的条件。所谓创新，总是从形式探索上开始的。美感赋予形式之中，没有形式就没有设计。然而，形式美不是轻易能得到的，它来自生活，来自发现，来自创造性的想象，来自设计师自身的修养。形式美的创造是设计师终身追求的目标，如"疏可跑马，密不透风"、"大而不空，小而不阻"、"方中见圆，圆中见方"、"柔中有刚，刚中有柔"。在建筑表现图设计当中就是如此，装饰绿化的形式美，不仅是自然美，还是人工美和再创造美。

10.1.2　色彩构成在表现图中的运用

1. 色彩构成的意义

色彩构成(Interaction of Color)，即色彩的相互作用。它是从人对色彩的知觉和心理效果出发，用科学分析的方法，把复杂的色彩现象还原为基本要素，利用色彩在空间、量与质上的可变幻性，按照一定的规律对各构成之间的相互关系进行组合，再创造出新的色彩效果的过程。色彩构成是艺术设计的基础理论之一，它与平面构成、立体构成有着不可分割的关系，色彩不能脱离形体、空间、位置、面积、肌理等而独立存在。作为一个建筑表现图设计师，只有掌握色彩构成原理，熟知各色彩的相互关系、各种色彩的生理或心理作用，并结合自己所具备的平面构成知识，正确用色，才能实现传达特定信息从而得到满意的后期渲染效果的目的。

2. 色彩构成的应用

不同建筑的项目背景与主题思想所表达出的不同的色彩构成形式。图 10.11 所示的是用色彩的情感与思维中色彩的兴奋体现商业街的热闹场面。

图 10.12 所示的黄昏时分用来表现温馨和平静。

图 10.11

图 10.12

图 10.13 所示的具有界画风格的画面表现出环境的古朴气氛。

图 10.13

3. 色彩的性质

1) 光与色彩

光是一种电磁波,可见光的波长范围为 400~700nm。当光线从三棱镜入射时,光线被分为红、橙、黄、绿、青、蓝、紫 7 种颜色,可见自然光是七色光的混合,七色光谱的颜色分布是按光的波长大小排列的。

2) 物体色

物体本身不会发光,之所以能看到它,是因为光线被物体表面吸收并反射,从而反射到人们眼中,人就可以分辨颜色。物体在自然光照射下,只反射其中一种波长的光,而将其他波长的光全部吸收,这个物体则呈现反射光的颜色。如果某一物体反射所有色光,那么人们便感觉这个物体是白色的;如果物体把七色光全部吸收,那么物体呈现在人们眼中是一种黑色。实际上,现实生活中的颜色是极其丰富的。各种物体不可能单独反射一种波长的光,对某一种波长的光反射得多,而对其他波长的光按不同比例反射得少,因此,物体的颜色不可能是一种绝对标准的色彩,而只能倾向某一种颜色,同时又具有其他色光的成分,所以说物体的色彩是由光源的色彩、该物体的选择吸收与反射能力所决定的。

3) 计算机色彩显示

物体的色彩是对光反射的结果,那么计算机显示器的色彩是如何生成的呢?彩色显示器产生色彩的方式类似于大自然中的发光体,在显示器内部有一个与电视机一样的显像管,当显像管内的电子枪发射出的电子流打在荧光屏内侧的磷光片上时,磷光片就产生发光效应。3 种不同性质的磷光片分别发出红、绿、蓝 3 种光波。计算机程序量化地控制电子束强度,并精确控制各个磷光片发出光波的波长,再经过合成叠加就模拟出自然界中的各种色光。

4. 视觉的生理特性

1) 视觉的适应

(1) 明适应。当从一个光线比较弱的环境突然进入一个光线比较强的环境(例如电灯骤开的瞬间),人的眼睛在片刻"失明"后适应的过程叫做明适应,这个视觉适应过程大约有 0.2s。

(2) 暗适应。和明适应相反的过程称作暗适应,例如夜晚从灯光明亮的大厅走到户外,暗适应过程大约需 5～10s 时间。

(3) 色适应。由一个色光环境到另一个色光环境，人的眼睛由感觉到差异到差异消失的适应过程称作色适应。如从普通灯光(带黄橙光)的房间走到日光灯(带蓝白光)的房间，开始觉得两房间的灯光色彩有差异，可是过不久，便会不知不觉地习惯下来，就觉得没有什么区别了。

2) 色感觉恒常

(1) 明度恒常。把一个浅色的物体放置在阳光下，一个白色的物体放置在阴暗处，虽然在阳光下浅色物体对光的反射量比在阴影处白色物体对光的反射量多，但人们仍然感到在阳光下的物体是灰色的，而在阴影处的物体是白色的，这种现象称为明度恒常。

(2) 大小恒常。人们面向前方，将两个等大的物体，一个放置在近处，一个放置在远处，虽然近处的物体比远处的物体在视网膜上的成像大很多，但是人们认为是同样大小，这种现象称为大小恒常。

(3) 色的恒常。用蓝色光照射一张白纸，再用白光照射一张蓝色的纸，两者相比较，虽然两张纸都显示了蓝色，但是眼睛仍然能区分出前者是在蓝色光照射下的白纸，后者为蓝色纸，这种区别物体的"固有色"与照明色相的能力，称为色的恒常。

(4) 色感觉恒常的条件。色彩感觉的恒常现象是有条件的，当色彩环境或照明条件发生变化时，色感觉的恒常现象不能维持，去掉环境及与周围的关系，色感觉的恒常也难以维持。

5. 色彩的三要素与色立体

人们所看到的色彩世界，千差万别，几乎没有相同的。人们可以辨别出许多不同的色彩，即任何一个色彩都有它特定的明度、色相和纯度，所以人们把明度、色相、纯度称为色彩的三要素。孟塞尔色立体简图如图 10.14 所示，孟塞尔色相的标定系统如图 10.15 所示。

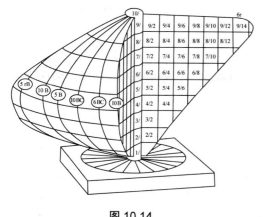

图 10.14

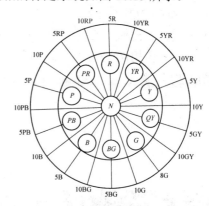

图 10.15

1) 明度

明度指色彩的明暗程度。明度是全部色彩都具有的属性，明度关系是搭配色彩的基础，明度最适于表现物体的立体感与空间感。白色材质反射率相当高，在其他材质色中混入白色，可以提高混合色的反射率，也就是说提高了混合色的明度。混入白色越多，明度提高得越高。相反，黑色材质反射率极低，在其他材质色中混入黑色越多，明度降低越多。

黑与白之间可以形成许多明度阶梯，人对明度层次辨别能力可达 200 个台阶左右。普通实用的明度标准大都定在 9 级左右，如孟塞尔把明度定为黑白在内 11 级，黑白之间为 9 组不同程度的灰，而彩色的明度是根据相对应的灰的明度等级标准而定的。

黑、白、灰之间可构成明度序列，任何一个色彩加白或加黑都可以构成以该色明度为主的序列，红、橙、黄、绿、青、蓝、紫各纯色按明度关系排列起来可构成色相的明度秩序。

2) 色相

色相指色彩的相貌，是区别色彩种类的名称，是根据光的波长划分的。只要波长相同，色相就相同。波长不同才产生色相的差别。红、橙、黄、绿、青、蓝、紫等代表一类具体的色相，它们之间的差别就属于色相差别。

如果红色加白色混合出明度、纯度不同的几个粉红色；把红色加黑色混合出几个明度、纯度不同的暗红色；把红色加灰色混合出几个纯度不同的灰红色，它们之间就不是色相的差别，而是同一色相，即红色相。色相的种类很多，可以识别的色相可达 160 个左右，如孟塞尔的 100 色的色相环。色相可构成高纯度、中纯度、低纯度和高明度、中明度、低明度的全色相环及 1 / 3、1 / 2、3 / 4 色相环等以色相为主的序列，这些都是美感很高的色相秩序。

3) 中纯度

纯度是指色彩的纯净程度。可见光辐射，有波长相当单一的，有波长相当混杂的，也有处在两者之间的，黑、白、灰就是因为波长最为混杂，纯度、色相感消失造成的。光谱中红、橙、黄、绿、蓝、紫等色光都是高纯度的色光。颜料中的红色是纯度最高的色相，橙、黄、紫等在颜料中是纯度较高的色相，蓝绿色在颜料中是纯度最低的色相。眼睛在正常光线下对红色光波感觉敏锐，因此红色的纯度显得特别高；对绿色光波感觉相对迟钝，因此绿色相的纯度就显得低。

任何一个色彩加白、加黑、加灰都会降低它的纯度。混入的黑、白、灰，补色越多纯度降低得也越多。纯度只能是一定色相感的纯度，凡是有纯度的色彩必然有相应的色相感，因此有纯度的色彩都称为有彩色。

4) 中明度、色相、纯度三要素的关系

任何色彩(色相)在纯度最高时都有特定的明度，如果明度变了纯度就会下降。高纯度的色相加白或加黑，降低了该色相的纯度，同时也提高或降低了该色相的明度；高纯度的色相加与之不同明度的灰色，降低了该色相的纯度，同时使明度向该灰色的明度靠拢；高纯度的色相如果与同明度的灰色混合，可构成同色相、同明度、不同纯度的序列。

6. 色彩的混合

色彩有两个原色系统：光的三原色与色素的三原色。色彩有 3 种混合方式：正混合、负混合、中性混合，接下来讲解的是光的三原色。

1) 原色

不能用其他颜色混合而成的色彩叫原色，用原色可以混合出其他色彩。光的三原色为红、绿、蓝。

2) 色彩的正混合

正混合指将光的三原色进行混合，如图 10.16 所示。

(1) 红光+绿光+蓝紫光=白光。

(2) 红光+绿光=黄光。

(3) 红光+蓝紫光=紫红光。

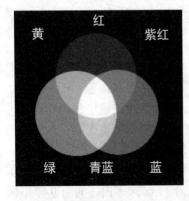

图 10.16

可以看出色光的混合特征：两色或多色光相混合，混合出的新色光，明度增高。明度是参加混合的各色光明度之和。参加混合的色光越多，混合出新色光的明度就越高。如果把各种色光全部混合在一起则成为极强的白色光，所以把这种混合叫做正混合或加法混合。

7. 色彩与心理

1) 色彩的易见度

基本规律如下。

(1) 明度强，易见度高；明度弱，易见度低。

(2) 纯度高，易见度高；纯度低，易见度低。

(3) 色相强，易见度高；色相弱，易见度低。

色彩易见度见表 10-1。

表 10-1　色彩美学之色彩易见度

地形	红	橙	黄	绿	青	紫	白	灰	黑
红	—	40	46	25	26	28	41	30	33
橙	39	—	38	34	41	39	36	37	42
黄	43	40	—	45	45	43	14	41	50
绿	28	35	42	—	34	32	46	29	37
青	33	43	43	35	—	29	47	29	32
紫	30	44	49	36	32	—	49	35	27
白	39	42	22	40	44	42	—	39	46
灰	30	40	44	27	30	33	44	—	37
黑	35	43	51	34	28	26	50	37	—

2) 色彩的膨胀与收缩

比较两个颜色一黑一白而体积相等的正方形可以发现有趣的现象，即大小相等的正方形，由于各自的表面色彩相异，能够赋予人不同的面积感觉。白色正方形似乎较黑色正方形的面积大，如图 10.17 所示。这种因心理因素导致的物体表面面积大于实际面积的现象称"色彩的膨胀性"，反之称"色彩的收缩性"。给人膨胀或收缩感觉的色彩分别称为"膨胀色"、"收缩色"。色彩的胀缩与色调密切相关，暖色属膨胀色，冷色属收缩色。

3) 色彩的前进与后退

如果等距离地看两种颜色，可给人不同的远近感。如黄色与蓝色以黑色为背景时，人们往往感觉黄色距离自己比蓝色近。换言之，黄色有前进性，蓝色有后退性。较底色突出的前进色彩称"进色"，较底色暗淡的后退色彩称"退色"，如图 10.18 所示。

图 10.17

图 10.18

一般而言，暖色比冷色更富有前进的特性。两色之间，亮度偏高的色彩呈前进性，饱和度偏高的色彩也呈前进性。但是色彩的前进与后退不能一概而论，色彩的前进、后退与背景色密切相关。如在白背景前，属暖色的黄色给人后退感，属冷色的蓝色却给人向前扩展的感觉，如图 10.19 所示。

图 10.19

4) 色彩的错视现象

同一色彩面积越大纯度越高。

5) 色彩的冷暖感

人对色彩的冷暖感觉基本取决于色调。色系一般分为暖色系、冷色系、中性色系 3 类。色彩的冷暖效果还需要考虑其他因素。例如，暖色系色彩的饱和度越高，其温暖的特性越明显；而冷色系色彩的亮度越高，其寒冷特性越明显。色彩的冷暖感觉如图 10.20 所示。

图 10.20

6) 色彩的兴奋与沉静

色彩的沉静效果如图 10.21 所示，色彩的兴奋效果如图 10.22 所示。

图 10.21

图 10.22

7) 色彩的轻重

色彩的轻表现如图 10.23 所示，色彩的重表现如图 10.24 所示。

图 10.23

图 10.24

8) 色彩的华丽与朴素

色彩的华丽效果如图 10.25 所示，色彩的朴素效果如图 10.26 所示。

图 10.25

图 10.26

9) 色彩的软硬

色彩软，中间调丰富，如图 10.27 所示，色彩硬，明暗差距大过渡少，如图 10.28 所示。

图 10.27

图 10.28

10) 色彩的明快与忧郁

色彩的明快效果如图 10.29 所示，色彩的忧郁效果如图 10.30 所示。

图 10.29

图 10.30

本 章 小 结

100 多年来，以构成理论为基础的现代艺术及设计，作为人类文化的重要组成部分，对现代社会的各个领域都产生了深远的影响，对建筑表现来说也不例外。本章将重点介绍构成在建筑表现图中所发挥的重要作用，而平面构成和色彩构成作为构成中的基础因素在建筑表现图中的运用比重是非常多的。

习　　题

在网上找出两张效果图，分析该效果图在平面构成和色彩构成方面的优缺点。

第11章　温馨卧室(日景、夜景)

本章通过一个场景的日景和夜景的效果表现，学习如何在不同的灯光条件下设计与统筹布光思路和使用不同灯光去实现所想要的效果。在完成灯光处理效果后，表现场景中每一个物体的质感也非常重要，在视频中有对场景中每一类物体的材质设定所做的详细介绍。

本章重点：

1．掌握统一场景的不同时刻的光线布置技术
2．熟练掌握布料、木材、金属、陶瓷物体的质感表现
3．熟练掌握后期处理中关于色调和背景的处理方法

该案例的日景和夜景最终效果如图 11.1～图 11.2 所示。

图 11.1

图 11.2

在进行本案例之前注意：

1. 该场景有一个抱枕是一个毛发物体，使用的是【VRay 毛发】制作。由于毛发渲染需要耗费较大的系统资源，所以在测试渲染之前应该将毛发隐藏起来，隐藏的方法很简单，只需右击毛发对象，在弹出的菜单中选择【隐藏选择对象】命令即可。

2. 色彩分析：作为卧室空间，通常以暖色调为主，因为暖色调会使人感到温馨和安逸。所以不管是在空间的设计阶段还是渲染表现阶段，都要考虑突出暖色气氛，暖色就是基调，空间中所存在的大量暖色材质就是主动向这一目的靠近的。在物理学上，这些暖色材质还会反弹出暖色的光。阳光遇到地板也会大量地溢出暖色，但一幅图像中如果只有暖色也会让人很不舒服，所以在适当的地方要出现一些冷色以产生冷暖的对比，这样才可以达到色彩的平衡，在制作中这一点是非常重要的。

3. 操作流程：一个科学的流程，会使工作更加快捷而有效，整个过程主要包括以下几个步骤,材质设置——渲染速度优化——灯光调节——细调材质灯光——渲染输出——后期合成处理。

11.1　主要材质的设置

将该场景的渲染器设置成 VRay 渲染器，并在【V-Ray】面板中的【帧缓冲区】卷展栏中，勾选【启用内置的帧缓冲区】复选框，如图 11.3 所示，开始对场景材质进行设置。

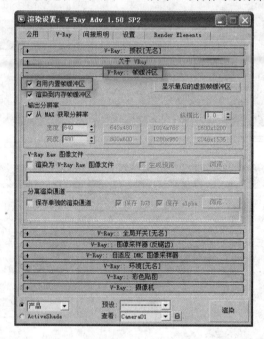

图 11.3

11.1.1　墙面材质的制作

首先要分析物理世界里的墙面究竟是一个什么样的状态，在离墙面比较远的距离观察墙壁时，墙面是一个比较平整的、比较白的一个材质。但靠近观察时，可以发现有很多凹凸和划痕，这是由于在刷乳胶漆时不平整导致的，是不可避免的。

这时，可以得出墙面的材质就是：颜色比较白，但肯定不是纯白，因为对于纯白的定义是完全反光的物体，事实上是没有的，当然也不会有理论上纯黑的物体。表面有点粗糙，有划痕和凹凸的感觉，但离远了看基本上看不出来。所以在调整 VRay 材质时就可以根据墙体离摄像机的远近而有所不同，该场景因为墙体离摄像机比较远，所以只需要调整色相即可。

越光滑的物体高光面积越小，反射越强，越粗糙的物体高光面积越大，反射越弱。因为是乳胶漆，所以给了它 1 个微弱的反射 23，把高光的光泽度设置为 0.25，这样高光的面积就很大，能很好地表现出墙体的状态。

在【选项】卷展栏中把【跟踪反射】复选框的勾选取消，如图 11.4 所示。这样 VRay 就不会计算反射，但同时又能保留高光，而且渲染速度也会提高。

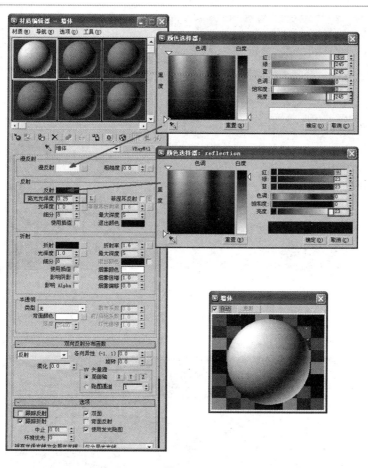

图 11.4

选择墙体模型，发现跟窗套的两个面是一体的，所以这里要从材质上把它们分开，利用【多维/子对象】材质类型。选择墙体模型，进入【修改】命令面板，进入【多边形】层级，全选所有的多边形，设置 ID 号为 1，如图 11.5 所示。

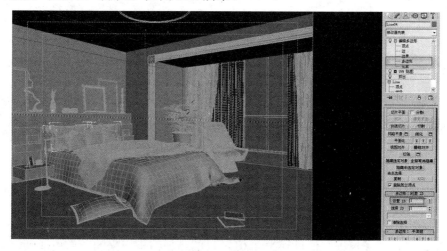

图 11.5

单独选择窗套的两个面，设置 ID 号为 2，如图 11.6 所示。

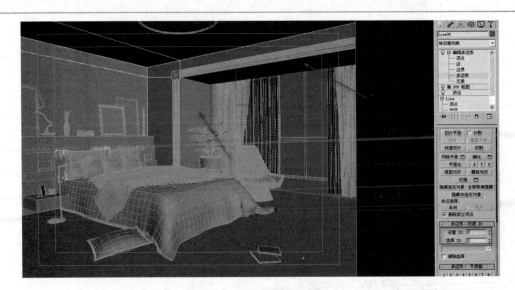

图 11.6

把刚才调整好的墙体材质赋给【多维/子对象】材质中 ID 号为 1 的材质。ID 号为 2 的材质就是窗套材质，稍后再进行调整，如图 11.7 所示。

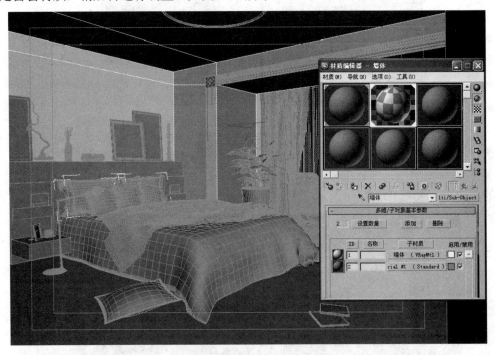

图 11.7

11.1.2　地板材质参数的制作

在【漫反射】通道里放置一张地板的贴图，用来模拟真实世界里的地板的图案和色彩。在它的贴图参数里，把【模糊】值设置为 0.01，目的是使渲染出来的图像更清晰，如图 11.8 所示。

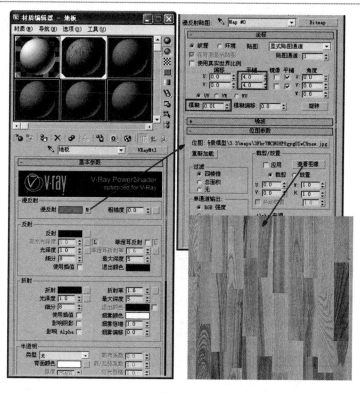

图 11.8

由于物理世界中的地板是带有反射的,同时表面的粗糙程度比较大,所以【高光光泽度】的值设置为 0.5,反射模糊也设置成 0.5,让反射相对模糊。为了提高渲染速度,把【细分】设置成 10,能够体现效果即可,【反射次数】设置成 3 也是为了提高渲染速度。

同时为了表现反射的菲涅耳现象,在反射通道里面添加的是【衰减】贴图,衰减的方式为【Fresnel】方式,改变了【Fresnel】方式的【折射率】值为 1.3,使得衰减更加剧烈。在【衰减】贴图的侧面调了 1 个偏蓝色,是为了模拟地板对天空的反射,如图 11.9 所示。

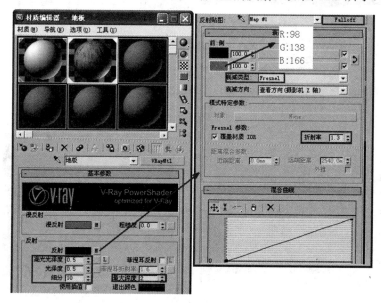

图 11.9

把【漫反射】通道里的地板贴图以"实例"的方式拖到【凹凸】通道里来，模拟凹凸的纹理感觉，如图 11.10 所示。

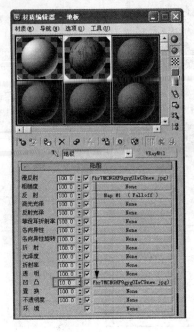

图 11.10

11.1.3　床上用品的制作

床毯表面有一种绒毛的感觉，这是由于布表面的纤维受到光照影响而产生的，在这里用模型来表现的难度很大，并且不一定能表现好，所以用材质来表现，在【漫反射】通道里放置一张衰减贴图，设置如图 11.11～图 11.12 所示。

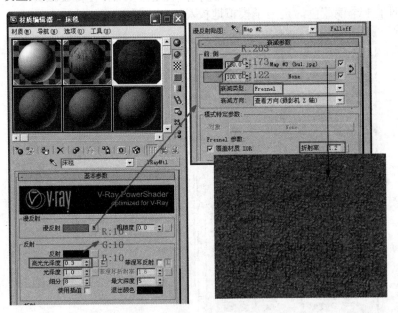

图 11.11

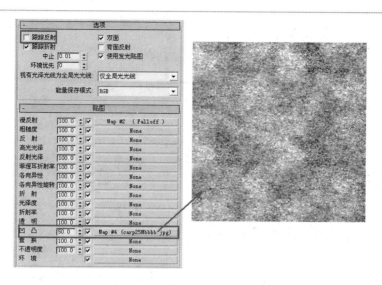

图 11.12

其他床上用品如床盖、抱枕、枕头的制作方法与上面的床毯是一样的，只是贴图换了一下。床盖的设置如图 11.13～图 11.14 所示。

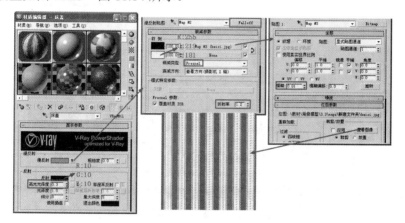

图 11.13

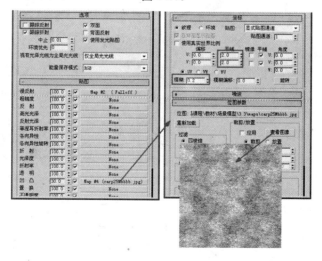

图 11.14

抱枕如花心枕的设置如图 11.15 所示。

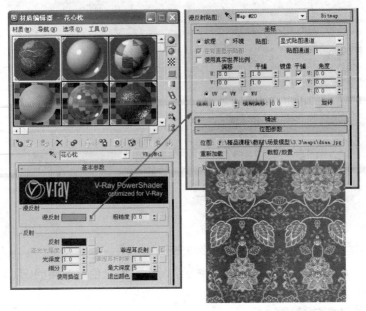

图 11.15

枕头的设置如图 11.16～图 11.17 所示。

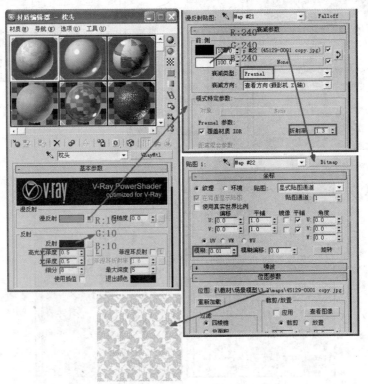

图 11.16

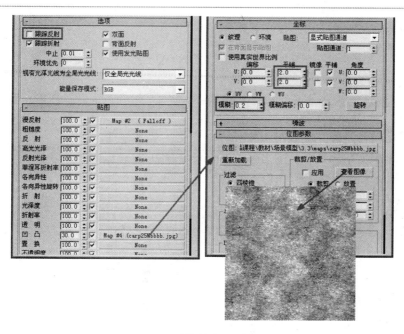

图 11.17

11.1.4 窗纱的制作

这一次要表现的是镂空的绸布窗纱,对光线的反射较强,最明显的特征是镂空,为了表现这种效果,可以采用在【不透明度】通道上放置平铺贴图的方法来处理,把平铺贴图的参数调整好就可以得到很漂亮的窗纱材质了,如图 11.18～图 11.19 所示。

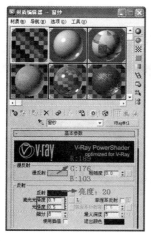

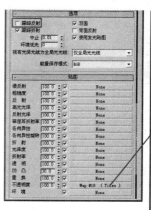

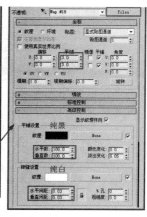

图 11.18   图 11.19

11.1.5 木纹的制作

可以用木纹材质来制作床头柜,木纹材质具有树木年轮形成的纹理,刨光或上漆的木纹表面比较光滑,有轻微的高光。木纹的反射比较模糊,并且由远及近的衰减效果明显,离人眼越近的地方,反射越弱,离人眼越远反射越强,这种反射称为菲涅耳反射,参数设置如图 11.20～图 11.21 所示。

根据上述分析,木纹质感具有以下几个特性。

(1) 表面光滑。

(2) 略带反射(菲涅耳反射现象)。

(3) 表面有比较粗糙的凹凸纹理。

(4) 表面带有一定的高光。

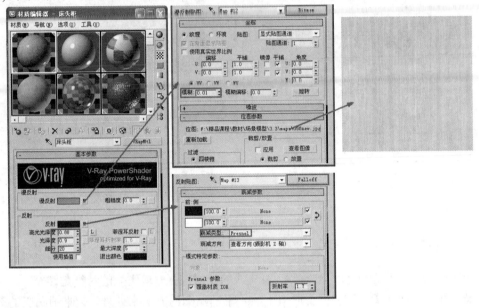

图 11.20

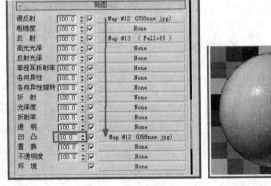

图 11.21

11.1.6 VRay 毛发

毛发物体的效果如图 11.22 所示。

VRay 毛发物体在效果图表现中主要用于表现地毯、毛巾等软性物体,可以创造出场景中的细节。毛发物体的创建非常简单,首先是创建出需要生长毛发的物体,接着,在【创建】面板中选择【VR 毛发】,如图 11-23 所示。

图 11.22

图 11.23

VR 毛发物体因为会生成大量的细节，使渲染速度变得非常缓慢，特别是本场景中有一大块地毯，如果整块地毯都用这种方法来做的话，可能会使机器无法运行，所以这里只是在地毯上的一个抱枕用了 VR 毛发，而地毯本身用的是 VR 置换贴图的方式来做的。按图 11.24 所示的参数进行调整。

图 11.24

同样把红色抱枕赋给毛发物体即可完成。

11.1.7 VRay 置换

采用置换方法的地毯设计效果如图 11.25 所示。

可以表现出非常丰富的物体细节，类似于凹凸贴图，但凹凸贴图只是在渲染时表现出来的一种物体起伏的假象，并没有真正地使物体产生改变，而置换则是真正地使物体发生改变，如图 11.26 所示。

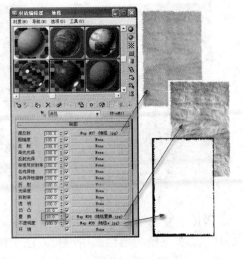

图 11.25 图 11.26

11.2 设置测试渲染环境

为了在后面的灯光设置阶段比较流畅，一般都需要设置一个测试渲染的参数，参数都比较低，这样就可以得到一个比较快的渲染速度。一般包括以下几个方面。

第一，取消勾选【公用】面板里的【渲染帧窗口】复选框，勾选 VRay 启用内置【帧缓冲区】复选框，因为 VRay 的帧缓冲区窗口带有跟踪鼠标的功能，想先观察什么地方只要把鼠标放置在什么地方即可，非常方便，这样也加快了测试速度，如图 11.27～图 11.28 所示。

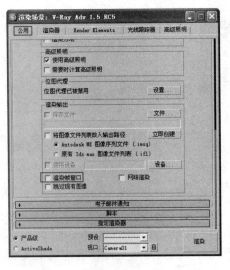
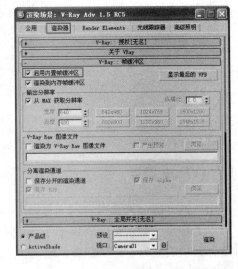

图 11.27 图 11.28

第二，图像的大小尽量改小一些，以自己能够看明白为准，绝对不能太大，以免渲染的时间太长，而浪费时间，如图 11.29 所示。

第三，采用最简单的图像采样器，抗锯齿过滤器也不用打开，从而加快渲染速度，如图11.30所示。

图 11.29

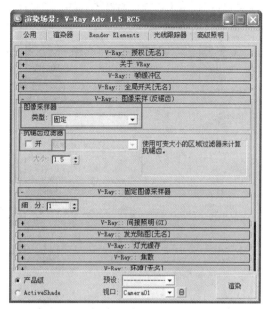

图 11.30

第四，间接照明需要启用，如图 11.31 所示。

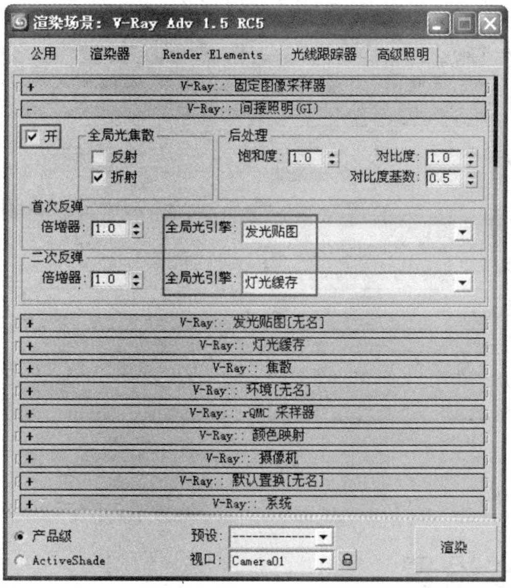

图 11.31

第五，分别设置间接照明所使用的渲染引擎，参数尽可能的低一些，如图 11.32～图 11.33所示。

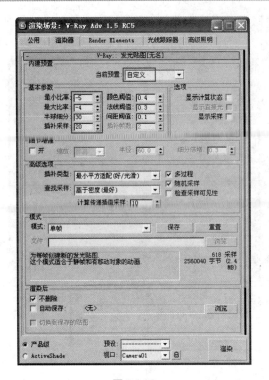

图 11.32

图 11.33

第六，选择合适的颜色映射方式，如图 11.34 所示。

图 11.34

11.3　灯光的初步设置

日景的卧室中的光线主要以太阳光和天光为主，首先建立太阳光，这里采用标准灯光中的目标平行光来模拟太阳光锐利的感觉。创建一盏目标平行光，位置及参数如图 11.35 所示。把前视口换成灯光视口，有利于观察灯光所照射到的范围。

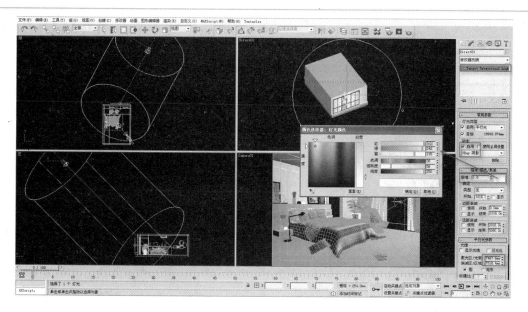

图 11.35

在窗户口建立一盏与窗户差不多面积大小的 VR 平面光，用于模拟天光效果，注意灯光的颜色，如图 11.36 所示。

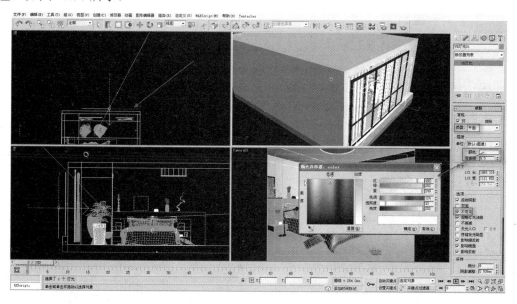

图 11.36

11.4　综合调节材质与灯光

(1) 材质部分的细致调节主要体现在以下几个方面。

① 物体如果有反射模糊的话，反射模糊细分值需要提高，这样可以避免渲染时反射的颗粒感，如图 11.37 所示。

② 如果测试渲染时发现有的物体的色溢现象很严重，就需要给这个物体材质加上【VR材质包裹器】，调节【产生全局照明】或【接受全局照明】的数值，如图 11.38 所示。

③ 需要清晰呈现画面近处的主要物体贴图，所以需要把其贴图的模糊度降低，进入【贴图】通道，把默认的【模糊】值由 1 改为 0.01，如图 11.39 所示。

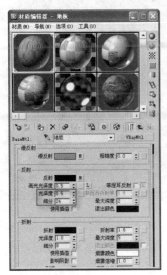

图 11.37

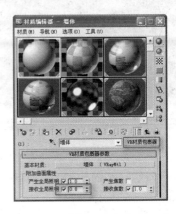

图 11.38

(2) 灯光的细化主要体现在采样细分上，默认的细分值均为 8，根据灯光在画面中的位置和重要程度，把灯光的细分值提高。标准灯光的细分值出现在【VRay 阴影参数】卷展栏中，如图 11.40 所示。

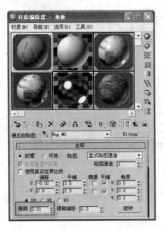

图 11.39

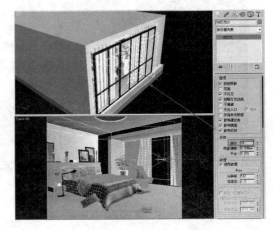

图 11.40

11.5　渲染输出设置

最终渲染输出是最简单的一个阶段，主要是设置渲染输出的大小和提高渲染品质，参数设置如图 11.41～图 11.45 所示。

图 11.41　　　　　　　　　　　　　　图 11.42

图 11.43　　　　　　　　　　　　　　图 11.44

图 11.45

在单击【渲染】按钮之前，要设置渲染文件的保存地址和格式，一般的保存格式为 tif 或 tga 格式，且要勾选【存储 Alpha 通道】复选框，如图 11.46～图 11.47 所示。

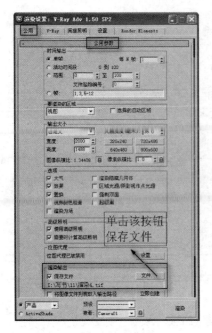

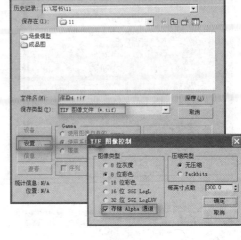

图 11.46   图 11.47

如果需要同时渲染多个视角的话，可以使用【渲染】菜单中的【批处理渲染】工具进行设置，从而实现自动渲染多幅图像的要求。首先单击【批处理渲染】面板中的【添加】按钮，就会在下面出现一个 view01 视角；选择 view01，在下面摄像机下拉菜单中选择第一架摄像机；然后再设置输出路径和存储文件名，这样就完成了第一个渲染视角的设置。然后再单击【添加】按钮，按同样的方法设置第二个渲染视角。设置完成之后，最后单击【批处理渲染】面板中的【渲染】按钮，进行渲染处理，得到最终的渲染效果。

11.6　夜景灯光环境的设置

为了更适宜夜景灯光环境的表现，在床头的天花部位增加了 3 盏射灯，在左侧床头部位增加了一盏落地灯。

观察场景，此空间的灯光有：天花板上的吸顶灯、射灯和地面上床头两边的两个落地灯，可以利用的灯光有窗外的夜光。下面对这些灯光的效果进行分析。

(1) 吸顶灯：这是一种能耗低、光照效能高的光源，它的影响面积大，对空间的影响效果最强。吸顶灯属于典型的漫反射光源，光照效果一般比较平均，明暗层次也较不明显，色彩影响也较小，这种灯光的气氛感较差，可塑性不高。由于上述因素，本案例将不表现吸顶灯的效果，因为这样可以将空间的整体亮度控制在"灰"的基础上，从而让其他灯光更容易表现出强度、色彩和明暗层次，使整个光影效果更加有气氛。

(2) 射灯：这是一种能耗高的光源，它的影响面积较小，照射的强度非常高。由于射灯照射的面积较小，尽管强度很高，但对整个空间的光线影响却很小。这种灯光在空间中的亮度效果具有高对比性和较锐利的阴影，它不仅自身的可塑性非常高，而且被照射到的物体由于明暗变化分明、阴影锐利等原因，也具有很高的可塑性。

（3）落地灯：这种灯光效果和台灯类似，范围感强、色彩浓。在吸顶灯关闭的情况下，落地灯充当了主灯的作用，因为它很容易营造气氛，所以也具有很高的可塑性。

（4）窗外的夜光：可以作为附属的灯光效果，为主体提供色彩互补或明暗对比。

布光一般按从主灯到辅灯、从辅灯到补光的顺序进行，即从最强的灯光到最弱的灯光结束位调理而展开。

除去吸顶灯，现在影响最大的应该就是落地灯。

先做窗户口的落地灯，采用自发光材质的方式来设置。打开【材质编辑器】面板，用![icon]工具把落地灯的材质吸进【材质编辑器】中，把材质类型换成【VR 灯光材质】，并为了表现一种温馨的气氛，把颜色换成乳黄色，如图 11.48 所示。

图 11.48

渲染之后得到的结果如图 11.49 所示。

图 11.49

床右边的落地灯用标准灯光中的目标聚光灯来表现，创建目标聚光灯，注意聚光灯一定要放置在灯具位置，聚光区和衰减区的距离拉大一些，产生柔和的光线，参数如图 11.50 所示。

图 11.50

下面创建射灯的效果。在射灯位置创建光度学灯光中的目标点光源，把位置放好，以实例复制的方式复制出 3 盏，分别对应 3 盏射灯所在的位置，参数如图 11.51 所示。

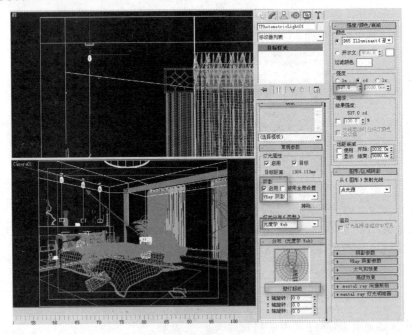

图 11.51

灯光的分布方式为【光度学 Web】方式，在所给的素材中选择"壁灯超绝.ies"文件，把强度改小一些，渲染之后得到图 11.52 所示结果。

图 11.52

窗外夜光用 VR 平面光来进行模拟，色彩选用一种天光的蓝色，如图 11.53 所示。

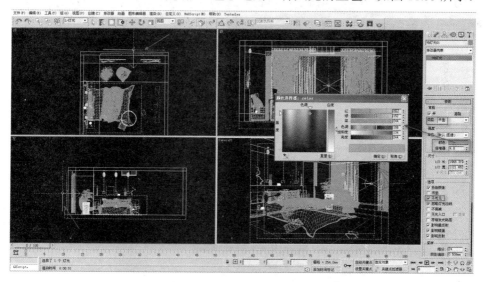

图 11.53

渲染之后得到图 11.54 所示结果。

图 11.54

这样基本上夜景的效果就已经出来了，为了使床尾部位出现更多的冷色调，计划在床尾部位再添加一盏 VR 平面光，参数如图 11.55 所示，最终效果如图 11.56 所示。

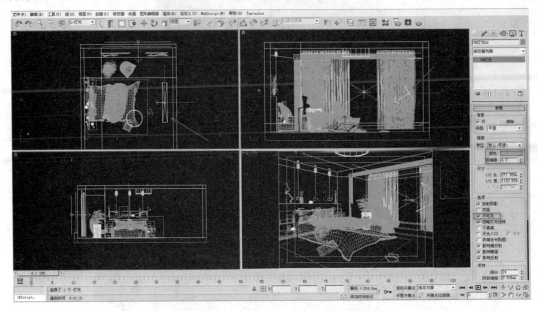

图 11.55

图 11.56

至此，夜景的灯光布置全部完成。

11.7　Photoshop 后期处理

后期处理可以使渲染出来的图像变得更加精彩，可以为图像添加特效和合成物品等，还可以修正渲染时出现的不满意的地方。虽然这个阶段不属于三维的范畴了，但它对于图像质量的进一步提升还是非常重要的，甚至在有些情况下是必不可少的。

Photoshop 是目前应用最广泛的静帧图像处理软件，本小节学习使用 Photoshop 对渲染出来的图像进行校色、修饰操作。

1. 地毯的处理

首先复制背景图层，在背景副本图层中进行操作，为的是保留住渲染的原始图，将来好做对比，如果有错误也容易返回。

利用【涂抹】工具沿着地毯的轮廓，向外进行涂抹，注意方向变化灵活一些，随时更改笔触的大小，可以使长毛地毯的感觉更加自然一些，经过一段时间的涂抹，结果如图 11.57 所示。

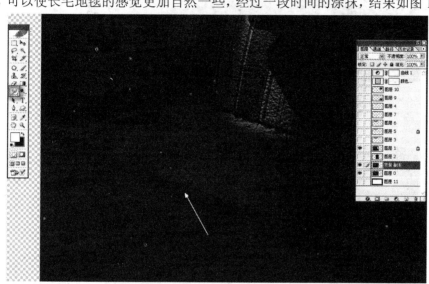

图 11.57

2. 顶棚缺陷处理

如果发现渲染出来的图像在顶棚位置出现了大量的噪波，这主要是场景中光线比较少的原因造成的，需要在后期中处理，如图 11.58 所示。

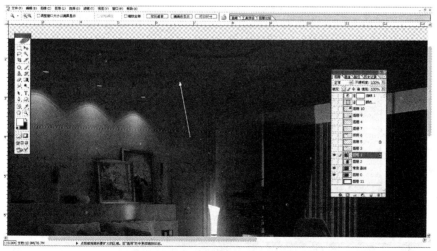

图 11.58

使用【套索】工具，选择到顶棚位置，如图 11.59 所示。

图 11.59

新建一个图层，填充一个与顶棚总体色调相近的颜色，如图 11.60 所示。

图 11.60

使用【画笔】工具，笔触尽量大一点，在暗部用深一点的颜色，在亮部用浅一点的颜色进行绘制，注意调小画笔的不透明度，这样才不至于画出太明显的笔触，画完之后的效果如图 11.61 所示。

图 11.61

把射灯位置勾选出来，创建一个新的"射灯"图层，把"射灯"图层移动到"顶棚"图层的上方，如图 11.62 所示。

图 11.62

3. 换背景

进入【通道】面板，按住 Ctrl 键的同时，单击 alpha1 的缩览图，这样就选择了除背景之外的所有部分，如图 11.63 所示。

图 11.63

按 Ctrl+J 键，把所选择的部分新建为一个图层，在素材目录中选择需要的背景图像，把它放置在新图层和原图层之间，背景就制作完成了，如图 11.64 所示。

图 11.64

4. 进行校色

校色是对图像的色彩进行调校。在所有图层之上，添加一个"纯色"调整图层，如图 11.65 所示。

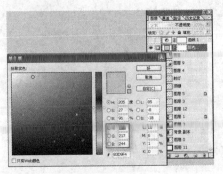

图 11.65

注意调整"纯色"图层的不透明度，及图层属性，如图 11.66 所示。

图 11.66

整个画面笼罩在一种冷色调之中，但整个画面有点偏暗，继续给画面添加"曲线"调整图层，如图 11.67 所示。

图 11.67

现在画面漂亮起来了，把其他两个视角的渲染图像也布置在同一个画面之中，最终结果如图 11.68 所示。

图 11.68

本 章 小 结

本章系统地讲述了温馨卧室场景从初期的材质调节，到渲染输出、后期处理的制作流程。本案例运用同一个场景，分别表现白天和夜晚的景象，主要是在灯光的布置上有很大的不同。在后期处理方面主要是关于地毯的处理和画面整体色调的调整。

习　　题

一、选择题

以下_____灯光，可以使用 IES 光域网文件进行照明？(单选)

A. 泛光灯　　　　　　　　　　　B. 聚光灯

C. 目标聚光灯　　　　　　　　　D. 自由点光源

二、简答题

依据生活中的一些材质现象，来描述一下 Fresnel 反射效应。

三、操作题

自己建立一个卧室场景，分别表现该卧室的白天和夜晚的灯光效果。

第12章 清晨客厅

本章讲解的是一个清晨客厅的效果表现，客厅简洁、温馨。就这个案例的画面表现效果而言，侧重点是画面整体色调的运用，以及如何运用光线表现准确的清晨时刻。本章运用 VRay 灯光中的球形光来作为太阳，这样可以很好地表现出清晨光线的柔和效果。

本章重点：

1. 掌握太阳光的设置方法
2. 熟悉辅助光的设置原理及方法
3. 熟悉地面材质及各类布艺材质的制作方法
4. 熟悉各种植物材质的制作

案例最终结果如图 12.1 所示。

图 12.1

在讲述本案例之前，先对室内效果图的表现技法做几个提示。

1. 关于模型方面

(1) 模型的面要少，模型要精确。

(2) 家具或室内饰品模型可以选择【文件】|【合并】命令，从其他场景合并而来，但要注意模型的风格要与场景统一。

2. 关于灯光方面

效果图灯光表现的重点包括以下几个方面。

(1) 首先要考虑室内的光源分布情况。

(2) 室内的采光一般表现为日景、夜景和黄昏 3 种。

(3) 每制作一张效果图之前，要提前考虑好将要做成什么样的时刻效果，比如日景，要考虑清楚是清晨的日光、上午的日光、中午的日光还是黄昏前的日光。

3. 关于后期处理方面

尽量不要直接在渲染的原图上处理，尤其在处理模型和灯光效果的时候，一定要新建图层并复制原图到新建的图层上来处理。

12.1 布光思路

在制作前，首先要想好最终效果，脑子里应该有一幅完整的自己想要的画面，制作过程只是用技术手法将其一步一步实现的过程。如果一开始都没有想好，那么在制作过程中一步一步去尝试效果，最后很难达到理想的效果。所以布光思路是一个非常重要的环节，它比技术能力要重要得多，技术活动都是以它为中心而展开的，它就是制作的目的所在。

首先对灯光进行分析，日景的光源当然是白天的自然光(天光和太阳光)。太阳光很容易被认为是最强的光源，其实对于室内空间而言，照亮整个空间的却是天光。这主要是因为太阳光的类型是点光源，它对室内的光照面积小，即使其强度较大，影响面积却小，所以不足以对空间亮度产生大的影响。对于室内空间而言，天光覆盖整个窗口，窗口就相当于面光源，其辐射角度广、影响面积大，因此它对空间亮度的影响也就非常大。当然天光是太阳光的间接光照，所以太阳光越强天光自然也就越强。总体来讲，表现日景的效果应该是非常明媚的空间气氛和亮堂堂的效果。在这种情况下即使有人工光源，其影响效果在自然光下也将是暗淡、轻微的。

12.2　制作流程

一个科学的流程会使工作更加快捷而有效，流程一般分为以下几个步骤。

1. 检查模型是否有问题

当拿到模型师制作的模型以后，第一件需要做的事情就是检查模型是否有问题，比如漏光、破面、重面等。在已经放置好摄像机以后就可以粗略地渲染出一个小样，检查模型是否有问题。这样的好处在于：如果在渲染的过程中出现问题，可以在很大程度上排除"模型的错误"，也就是说这样可以提醒设计师应该在其他方面寻求问题的症结所在。

2. 粗调材质效果

在布光之前，模型中面积较大的材质，必须先调整好其表面亮度特征的颜色和纹理，因为灯光的效果实际上就是在材质上表现出的效果，所以材质的亮度没有确定，那么就无法得到灯光的合适强度。在这个阶段不需要调节一切对渲染速度影响较大的效果，因为在所有灯光没有调整好之前是不需要这些效果的；再者就是透明的材质一定要在此阶段调整好，否则可能会影响到灯光，比如窗玻璃没有透明，那么阳光就不会进入室内。总的来说粗调材质效果的主要工作，就是确定大面积材质的颜色、纹理和透明信息。

3. 渲染速度优化

在布光阶段，因为观察的重点是颜色和明暗信息，所以不需要观察很细腻的渲染品质，只需要做一些渲染优化的工作，以便于很迅速地调整灯光。

4. 灯光布置调节

这是对技术和审美要求最高的阶段。

5. 细调材质效果

当灯光就绪以后，就需要将材质的质感表现出来了。

6. 最终渲染输出

在这个阶段的操作相对比较简单，主要是调整灯光的细分参数和一些渲染参数。

7. Photoshop 后期处理

后期处理可以使渲染出来的图像更加精彩，在这个阶段还可以为图像添加特效和合成物品等。虽然这个阶段不属于三维的范畴，但它对于图像质量的进一步提升是非常重要的，一定要重视。

12.3 清晨客厅制作详细过程

12.3.1 检查模型是否有问题

根据下面的操作步骤来完成对模型的检查。

(1) 首先指定场景的渲染器为 VRay 渲染器，如图 12.2 所示。

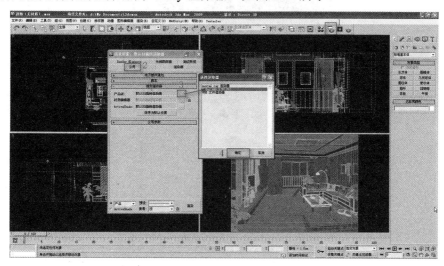

图 12.2

(2) 通过设定一个通用的材质球来替代场景中所有物体的材质。单击【材质】按钮，选择一个空白的材质示例球，命名为"测试材质"，并把材质类型换成 VRayMtl 材质类型，如图 12.3 所示。

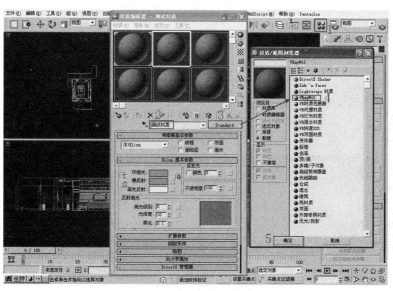

图 12.3

(3) 把亮度值改为 220，主要是让物体对光线的反弹更充分一点，方便观察暗部，因为在物理世界里，越白的物体对光线的反弹越充分。其他地方保持默认，如图 12.4 所示。

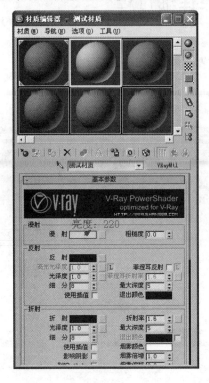

图 12.4

(4) 打开【渲染场景】对话框，进入【渲染器】面板，在【全局开关】卷展栏中，勾选【覆盖材质】复选框，并把测试材质拉到 None 按钮上，选择实例方式，如图 12.5 所示。

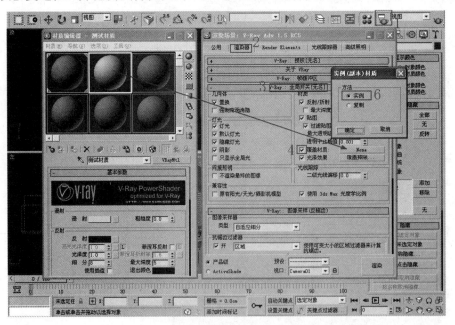

图 12.5

(5) 因为是测试渲染，为了保证速度，所以渲染尺寸设置的比较小，如图 12.6 所示。

(6) 同样为了提高速度，设置使用低参数的图像采样器，如图 12.7 所示。

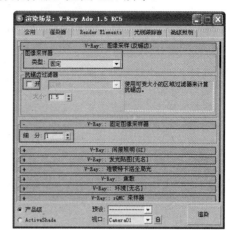

图 12.6   图 12.7

(7) 在【渲染】引擎里，按图 12.8 所示进行设置。

(8) 【发光贴图】引擎的参数如图 12.9 所示，其他参数保持不变。

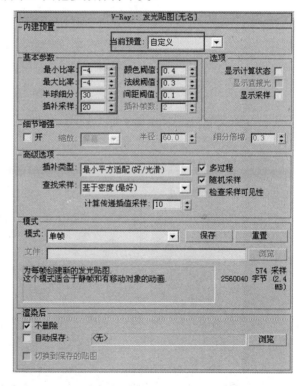

图 12.8   图 12.9

(9) 【灯光缓存】引擎的参数如图 12.10 所示。

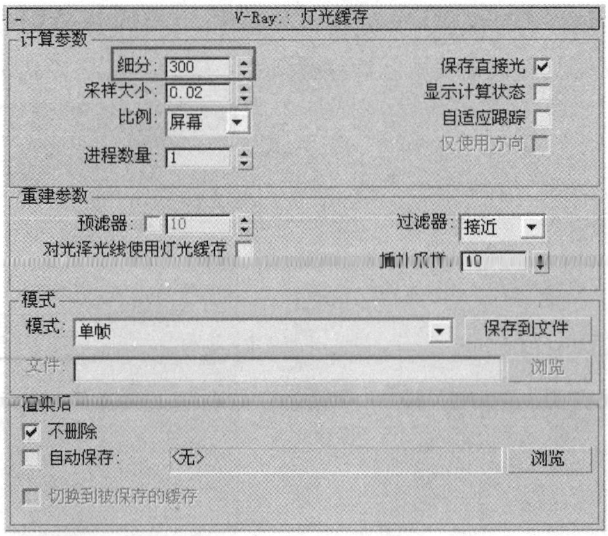

图 12.10

(10) 【颜色映射】卷展栏中参数的设置如图 12.11 所示。

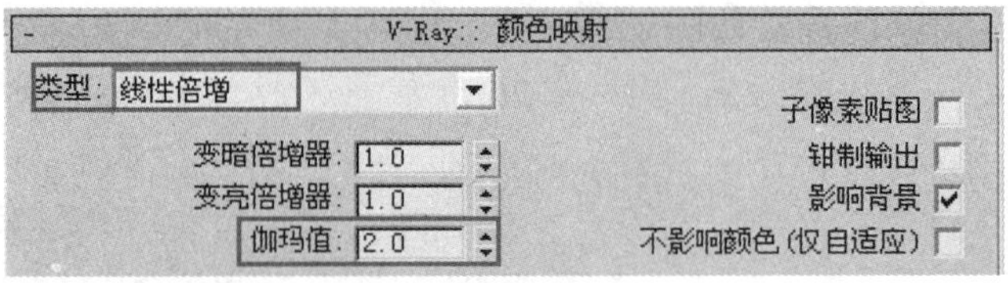

图 12.11

(11) 在场景中建立 VRay 球型灯光，如图 12.12 所示。

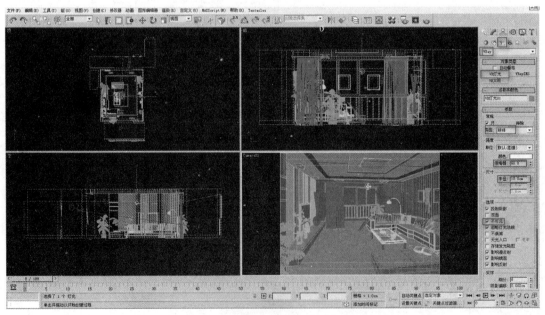

图 12.12

(12) 这样，场景的基本设置就完成了，接下来开始渲染，其效果如图 12.13 所示。

图 12.13

通过对渲染图像的观察，没有发现异常情况，如果有异常的情况发生，那么就证明模型中的某个地方有问题，需要修改模型。

12.3.2 粗调材质效果

这一阶段也是熟悉场景的过程，首先是给场景物体赋予材质，在这一步需要给材质命名，养成良好的给材质命名的习惯，为以后细调整材质打好基础,再就是给玻璃物体设置透明属性。

(1) 首先选择地面物体，单击，选择【隐藏未选定对象】命令，如图 12.14 所示。

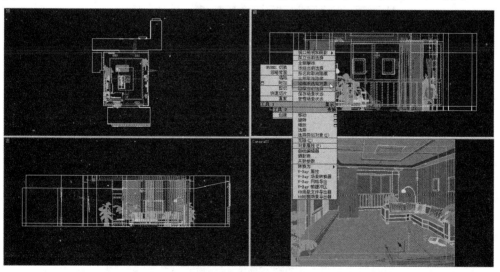

图 12.14

(2) 观察可以发现这是一个物体，包括了地面、墙面、天花、踢脚线。在【材质编辑器】中选择一个空白的材质示例球，命名为"墙"，把材质类型换成【多维/子对象】材质类型，把该材质赋给墙物体，如图 12.15 所示。

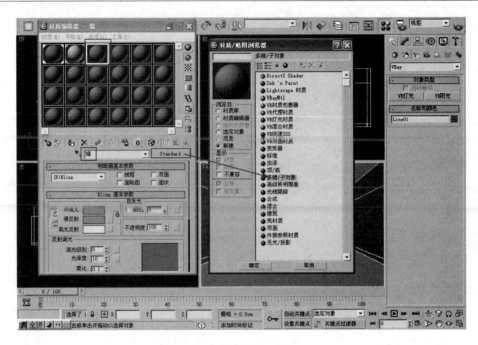

图 12.15

(3) 下面要做的就是熟悉墙物体的 ID 编号，方法如下。

① 选择墙物体，进入【修改】命令面板，发现是一个可编辑多边形物体，进入到【多边形】层级，在【多边形：材质 ID】卷展栏，设置 ID 位置输入 1，再单击 选择 ID 按钮，这样就选择了编号为 1 的多边形，发现是墙体和天花部位，这两部分都统一用白墙的材质，如图 12.16 所示。

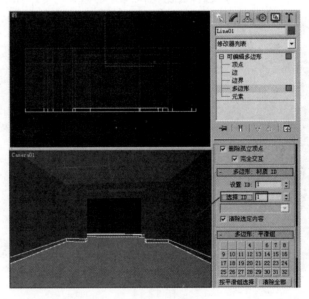

图 12.16

② 再输入 2，单击 选择 ID 按钮，如图 12.17 所示。

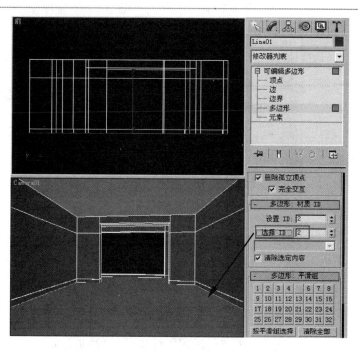

图 12.17

③ 再输入 3，单击 选择 ID 按钮，如图 12.18 所示。

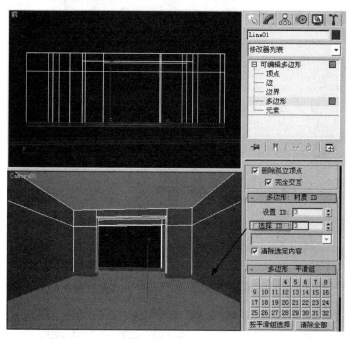

图 12.18

如此，就清楚了这个"墙"物体的 ID 号分为 3 个，分别对应的是白墙、地面和踢脚线。

(4) 把材质对应着命好名称，如图 12.19 所示。

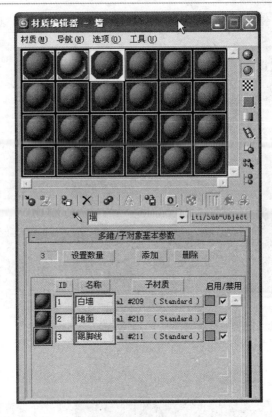

图 12.19

(5) 适当地调整一下白墙、地面和踢脚线的色彩和纹理，因为这里没有透明物体，所以没有透明度的调节。要求是，没有纹理要求的就只要调整漫反射颜色，比如白墙和踢脚线，有纹理的也只是在【漫反射】颜色通道上添加上纹理贴图即可。这里调整的是白墙用纯白色，踢脚线用纯黑色，地面添加了一张木纹的贴图，如图 12.20 所示。

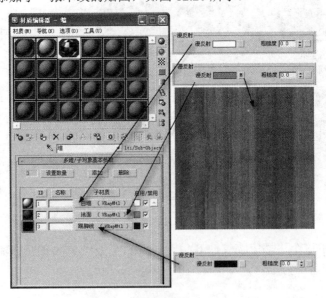

图 12.20

这样，"墙"的材质粗调就已经完成。用同样的方法完成对其他物体的材质粗调。完成以后可以得到图 12.21 所示的渲染结果。

图 12.21

12.3.3　渲染速度的优化

为了在后面的灯光设置阶段比较流畅，一般都需要设置一个测试渲染的参数，参数都比较低，这样就可以得到一个比较快的渲染速度。一般包括以下几个方面。

(1) 取消勾选【公用】面板里的【渲染帧窗口】复选框，勾选 VRay 启用内置的【帧缓冲区】复选框，因为 VRay 的帧缓冲区窗口带有跟踪鼠标的功能 ，想先观察什么地方只要把鼠标放置在什么地方即可，非常方便，这样也加快了测试速度，如图 12.22～图 12.23 所示。

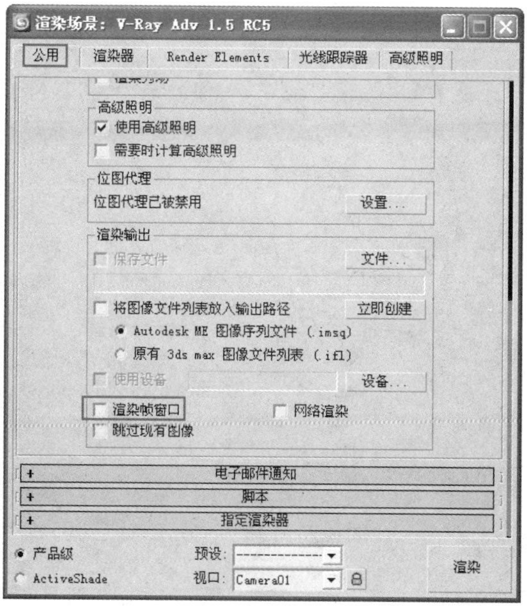

图 12.22

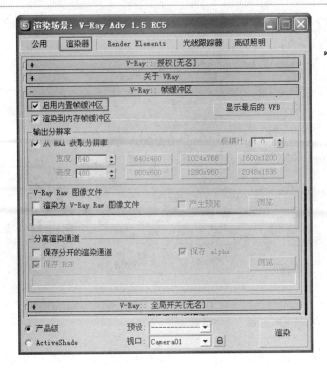

图 12.23

(2) 图像的大小尽量改小一些，以自己能够看明白为准，绝对不能太大，以免渲染的时间太长，而浪费时间，如图 12.24 所示。

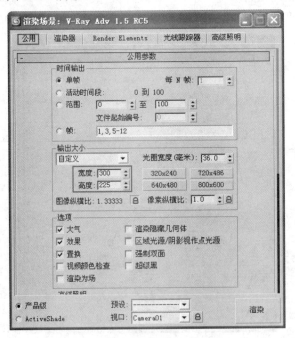

图 12.24

(3) 采用最简单的图像采样器，抗锯齿过滤器也不用打开，从而加快渲染速度，如图 12.25 所示。

(4) 间接照明需要启用，如图 12.26 所示。

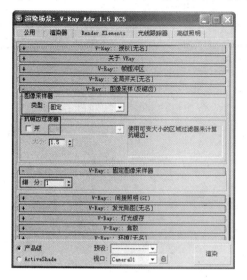

图 12.25

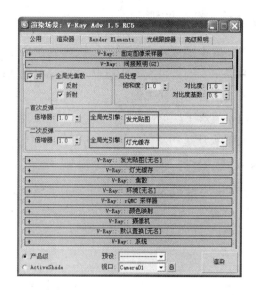

图 12.26

(5) 分别设置间接照明所使用的渲染引擎，参数尽可能的低一些，如图 12.27～12.28 所示。

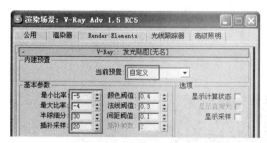

图 12.27

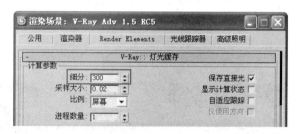

图 12.28

(6) 选择合适的颜色映射方式，如图 12.29 所示。

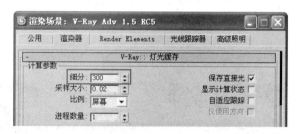

图 12.29

12.3.4 灯光的设定

一般设定灯光的顺序是按照先创建主灯光，再添加辅光的步骤进行。本场景要表现的是早上 8 点左右的效果，要根据物理世界里真实的情况来设定太阳的高度。

这里有一个简单的方法，可以把太阳大致认定为早上 6 点从地平线升起，而下午 6 点太阳从地平线落下(当然是一个假设，因为地球的公转和自转会让日出和日落的时间有所变化)。那么太阳从升起到落下，转了 180°，而所花的时间是 12 个小时。可以用图 12.30 所示的图来表示。

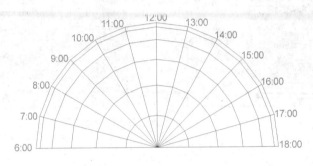

图 12.30

可以看出早上 8 点左右的太阳，与地平面成 30°角，现在就可以在场景中据此设定太阳的高度了。在场景中设置一个 VRay 的球型灯，保证它与地平面大约成 30°角，如图 12.31 所示。

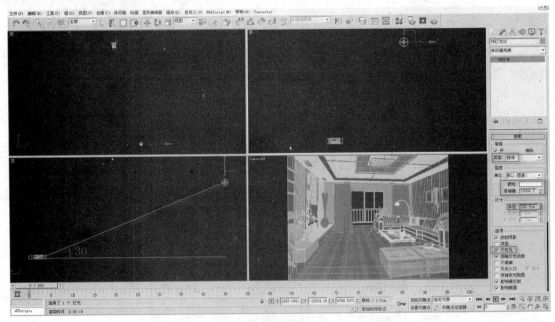

图 12.31

灯光的参数大致如图 12.31 所示，位置离房体比较远，半径为 200cm，可以让影子更虚一些。最后测试渲染，观察阳光的照射范围，如图 12.32 所示。

图 12.32

通过测试渲染图，阳光的位置基本要求，太阳光的亮度这里暂时设置的是 10000，并不是固定的，根据情况可能还需要调整。

通过前面的分析，可以知道日光的场景，除了太阳光之外还有更为重要的天光效果，下面来设置天光。创建一 VRay 的平面光，参数和位置如图 12.33 所示，注意略微调整一下入射角度，大小为在前视图看能覆盖住整个窗户即可。

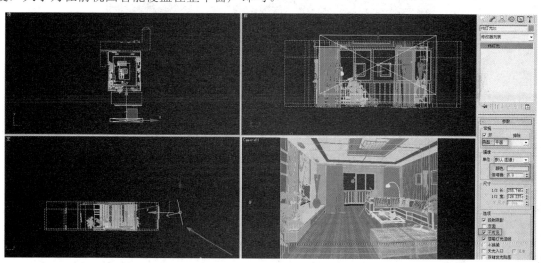

图 12.33

测试渲染得到的结果如图 12.34 所示。

灯光的感觉还不错，但光线的变化不够丰富，为了丰富一点，有必要在近景部位添加两盏辅助灯，使用冷光，从而与太阳光的暖色成对比，使得画面的冷暖变化丰富一些，如图 12.35 所示。

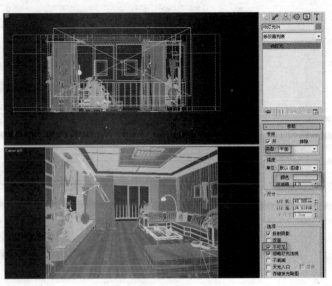

图 12.34   图 12.35

得到图 12.36 所示的渲染结果，现在画面很不错了！灯光的调节告一段落。

图 12.36

12.3.5　材质和灯光的细化

材质部分的调整过程参看第 8 章"创建最优化的材质"，也可以参看场景文件仔细研究，在这就不重复每个材质的调整过程。下面来说一下灯光的细化。

(1) 选择阳光，把灯光的细分值设置为 20，如图 12.37 所示。

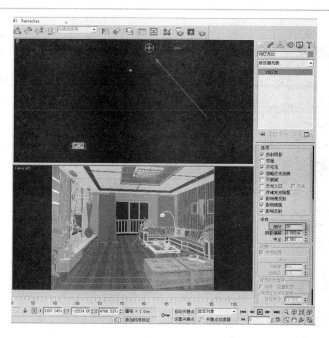

图 12.37

(2) 选择窗口的片光，把灯光的细分值设置为 20，如图 12.38 所示。

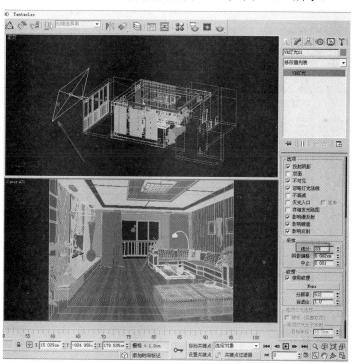

图 12.38

(3) 选择近处的球型辅助光，把灯光的细分值设置为 20，如图 12.39 所示。

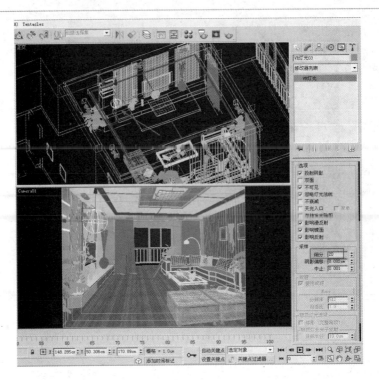

图 12.39

测试渲染得到的结果如图 12.40 所示，注意箭头所指部位已经没有什么杂点了。

图 12.40

12.3.6　最终渲染输出

这一部分相对来说比较简单，只要把测试渲染的参数适当提高来渲染即可。主要步骤如下。

在工作中，最终输出图形的目的往往是为了通过打印机设备打印成图片或是通过印刷设备印刷成图片或出版物。那么，如果需要打印或印刷 A4 幅面大小的图片，又需要渲染多少像素的图像呢？下面首先通过学习【打印大小向导】工具来解决这个问题。

当计划打印渲染的图像时，【打印大小向导】功能将非常有用。该向导用于指定所打印图像的输出大小、分辨率和方向，即使用标准测量系统，而不是像素。而且还可以指明图像文件未压缩的近似大小。

在【渲染】菜单上选择【打印大小向导】命令即可打开该工具面板。首先在【打印大小向导】面板中单击【自定义】下拉菜单，选择输出的大小规格，比如选择"A4-297×210mm"。然后再单击 DPI 值，也就是以每英寸点数为单位的分辨率。如果将来图像用来印刷，将需要"300" DPI 分辨率，那么图像的宽度和高度的分辨率将变成"3507×2480"；如果输出的图像是为了将来用于打印，则一般选择"150" DPI 分辨率，那么图像的宽度和高度的分辨率将变成"1753×1240"。设置完成以后，单击【渲染场景】按钮，就可以弹出【渲染场景】对话框，可以发现刚才设置的大小值出现在了【渲染场景】对话框的输出大小位置，如图 12.41～图 12.42所示。

图 12.41

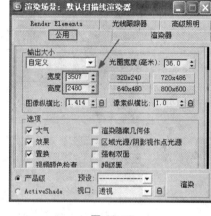

图 12.42

当然，这张图不需要那么大，按图 12.43 所示设置大小即可。

然后是把渲染输出的文件保存在什么地方，取什么名称保存起来，这一步非常重要，因为一般输出一张质量比较高的大图时往往需要几个小时甚至十几个小时，如果设置好了保存的路径和文件名的话，在渲染完成以后，系统就会自动保存渲染的图像，而不需要手动保存了。这样可以避免渲染完成以后，人又不在现场，出现死机导致图像没有保存的问题。保存路径和文件名的设置如图 12.44 所示。

图 12.43

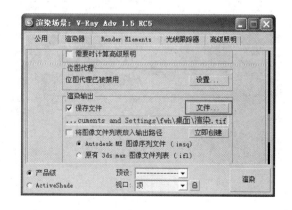

图 12.44

图 12.45～图 12.48 所示是一些渲染器的设置参数。

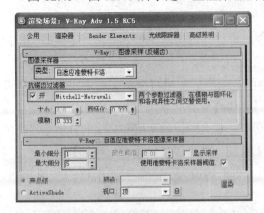

图 12.45

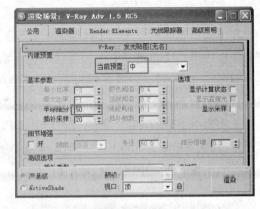

图 12.46

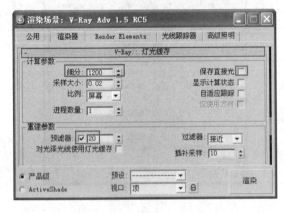

图 12.47

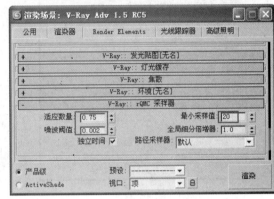

图 12.48

经过漫长的等待，渲染出来的结果如图 12.49 所示，总体感觉已经相当不错了，但还需要做后期处理，做最后的加工以完善图像。

如果渲染时出现图 12.50 所示的黑斑现象，请注意。

图 12.49

图 12.50

这种情况一般在跑光子图时就可以看出来异常，图 12.51 所示箭头所指位置就出现了光斑。

图 12.51

解决的办法是改用物理相机进行渲染。如本场景改用物理相机，参数如图 12.52 所示。

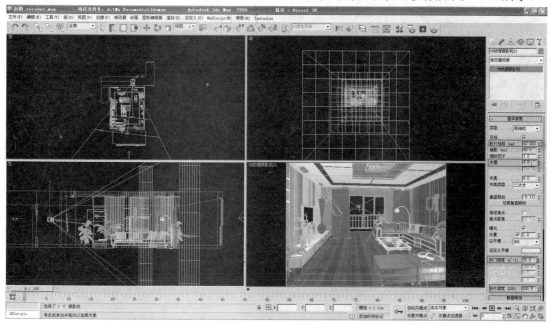

图 12.52

渲染器参数不变，渲染之后得到的结果如图 12.53 所示。

图 12.53

12.3.7 后期处理

用 Photoshop 软件把渲染的图像打开，仔细观察一下图像，发现有点偏暗而且有点灰，对比度不够强。下面来进行后期处理。

(1) 首先复制背景图层，在背景副本图层中进行操作，为的是保留住渲染的原始图，将来好做对比，如果有错误也容易返回，如图 12.54 所示。

图 12.54

(2) 调整亮度和对比度的工具一般用的是【曲线】工具面板和【亮度/对比度】工具面板，如图 12.55 和图 12.56 所示。

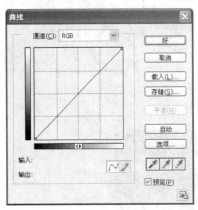

图 12.55

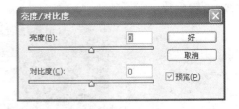

图 12.56

仔细观察一下图像，发现该图像的亮部区域，也就是阳光照射到的地面阳台区域特别亮，如果整个图像的亮度和对比度都提高的话，此区域势必曝光过度。所以，要先选择出图像的暗部区域来，在暗部区域进行亮度和对比度的调整。

① 进入"背景副本"图层，按 Ctrl+Alt+Shift+~键，这样就把整个图像的亮部区域选择上了，如图 12.57 所示。

图 12.57

② 按 Ctrl+Shift+I 键，进行反选，这样就选择上了图像的暗部区域，为了便于观察比较，把所选择到的暗部区域新建成一个独立的图层(按 Ctrl+J 键)，命名为"暗部"，如图 12.58 所示。

图 12.58

③ 打开【亮度/对比度】工具面板，按图 12.59 所示调整。

图 12.59

初步完成以后的效果如图 12.60 所示。

图 12.60

(3) 按 Ctrl+E 键，把"暗部"图层和"背景副本"图层合并，如图 12.61 所示。

图 12.61

(4) 下面要添加一张比较合理的外景图片，希望读者平时多收集比较好的照片，这里用的是图 12.62 所示的这张。

图 12.62

① 进入通道面板，按 Ctrl 键的同时，单击 Alpha1 通道，这样就把 Alpha1 通道选择上了，如图 12.63 所示。

图 12.63

② 进入"背景副本"图层，按 Ctrl+J 键，新建一个"图层 1"图层，如图 12.64 所示。

图 12.64

③ 把"背景副本"图层删除，如图 12.65 所示。

图 12.65

④ 打开外景图片，拖入到"图层 1"和"背景"图层之间，并把位置调整好，如图 12.66 所示。

图 12.66

⑤ 观察外景图片，不够亮，而且太清晰了，按图 12.67 所示调整一下。

图 12.67

⑥ 再调整一下亮度和对比度，如图 12.68 所示。

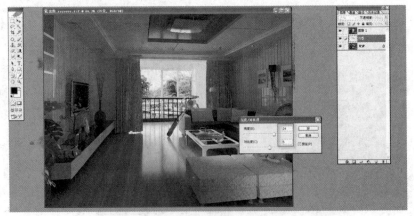

图 12.68

⑦ 再调整一次亮度，让它有点曝光过度的感觉，如图 12.69 所示。

图 12.69

⑧ 再模糊一下，这样就不至于太抢主体了，如图 12.70 所示。

图 12.70

　　本例的最终效果如图 12.71 所示，如果对现在的效果还不满意的话，还可以根据自己的感觉仔细调整一下，比如远处的外景可以再模糊一点或者什么其他效果。

图 12.71

本 章 小 结

本章系统地讲述了清晨客厅场景从初期的材质调节，到渲染输出、后期处理的制作流程。在材质的讲述方面，配合了视频，涉及众多材质的调节，希望读者朋友能够掌握并且在实际制作中灵活运用。

习　　题

操作题

自己建立一个客厅场景，拟定一个时刻，表现这个时刻的客厅效果图。

第13章　建筑夜景

本章讲解的是一座综合楼多层建筑的夜景效果表现，重点分析夜景的光线分布情况，以及如何用环境的设置和灯光的参数来表现夜景气氛，学习如何运用 VRayHDRI 来进行环境的照明。

本章重点：

1. 熟悉夜景的光线分布
2. 熟悉夜景玻璃材质的制作
3. 熟悉夜景后期处理的技巧

一幅建筑夜景的最终结果如图 13.1 所示。

图 13.1

13.1 夜景灯光简单分析

夜景的情况千变万化，对每个建筑应用不同的灯光方案都会有不同的效果，虽然有各种不同的情形，但还是可以总结出一些规律性的东西来指导制作。

一般夜景处理有两种情况，第一种情况如图 13.2 所示，天空基本是全黑的，完全依靠人工光源进行照明，另外一种就是所谓的"半夜景"，如图 13.3 所示，这时太阳已经完全落入地平线以下，但天空中尚存一些残余的天空光，天空本身并未全部变黑，一般是比较深的冷色调，另外残存的天空光对整个场景还有些许的影响。

图 13.2

图 13.3

　　这两种情况都是常见于夜景的建筑摄影作品中的，但第一种较少在建筑图中应用，而更多地用于一些灯光照明工程的表现图中。如以纯粹的建筑表现为主，则多采用第二种，主要原因有：其背景富于变化、不死板，天空拥有一定背景亮度与地面的暗色对比，形成稳定的构图需要，建筑比较容易在天空的背景下表现轮廓，拉开层次，所以本例也采用所谓"半夜景"的基调来布光。

　　夜景的光照情况通常比较复杂，色彩的构成通常也比较复杂，但如果制作建筑表现，可以稍微简化一下色彩的模型。在多数情况下，由于半夜景的原因，天空残存一部分天空的漫反射光，因为没有直射太阳光，所以基本没有暖色的成分，而主要是冷色的成分，可以看到场景基本以冷色为主。因此在 3ds max 中需要有一些主光照明，以形成整个场景的冷色基调。与场景的冷色相比，一般室内的灯光还是以暖色成分居多，所以整个场景以室内暖色与室外冷色的互补色对比为主，如图 13.4 和图 13.5 所示。最后在 Photoshop 的后期制作中，也要选择符合场景整体光环境的天空作为背景。

图 13.4

图 13.5

13.2 多层建筑夜景效果

13.2.1 创建环境照明

打开初始场景,开始创建环境照明,用于表现天空光的基本照明。为了表现出丰富的变化,运用 HDRI 高动态范围贴图来进行照明,如图 13.6 所示。

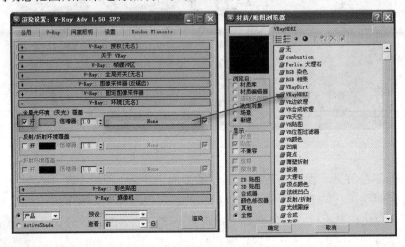

图 13.6

把 VRayHDRI 贴图拉到【材质编辑器】窗口中,并以【实例】方式释放,需要在【材质编辑器】窗口中选择合适的 HDRI 贴图,如图 13.7~图 13.8 所示。

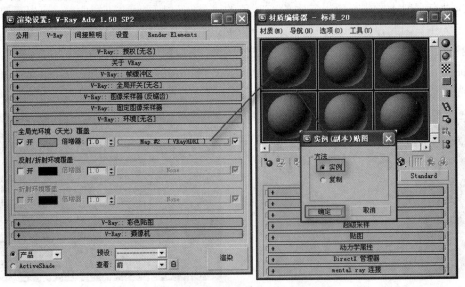

图 13.7

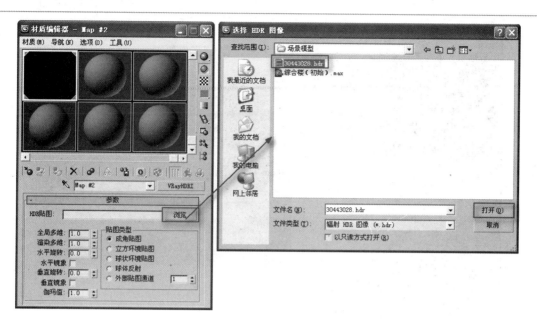

图 13.8

把贴图类型换成【球状环境贴图】，得到如图 13.9 所示的结果。

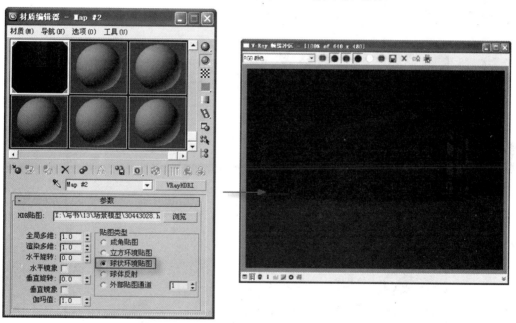

图 13.9

可以看到目前的场景已经有微弱的环境照明了，而且光线也有变化。唯一感觉不足的是建筑物正面有点太暗了，对这张 HDRI 贴图进行旋转调整，如图 13.10 所示。

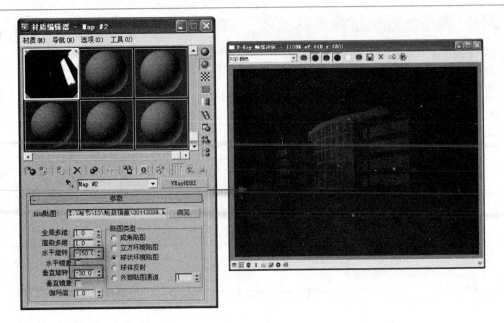

图 13.10

再把这张 HDRI 贴图的色调调整的更加偏冷光一些，在【材质编辑器】窗口中单击
【VRayHDRI】按钮，在【材质/贴图浏览器】对话框中选择【输出】贴图类型，如图 13.11
所示。

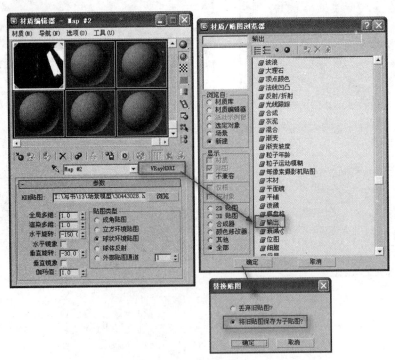

图 13.11

在【输出】卷展栏中选择蓝色通道的控制点，往上移动一些。渲染之后得到如图 13.12 所
示的结果。

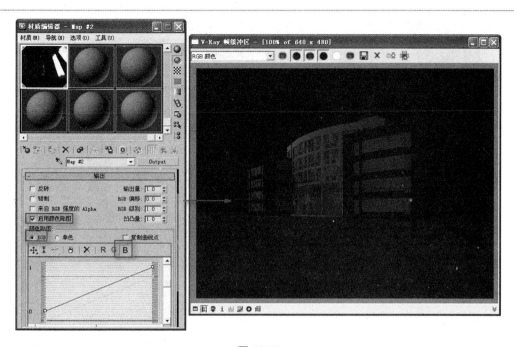

图 13.12

因为把蓝色通道上面的亮度提高了，所以整个场景的照明也随着提亮了，感觉有点过头，需要整体压暗一点，如图 13.13 所示。

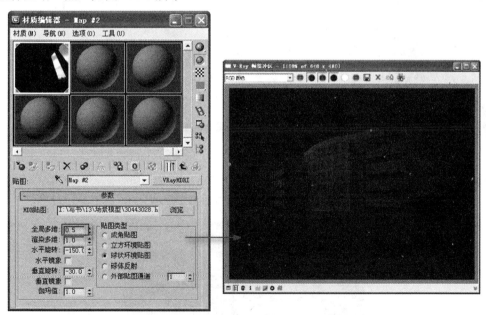

图 13.13

13.2.2　辅光参数

观察渲染效果，发现建筑物的侧面还是一片漆黑，需设置一盏 VR 平面光来给侧面进行辅光照明。在如图 13.14 所示的位置创建一盏 VR 平面光。

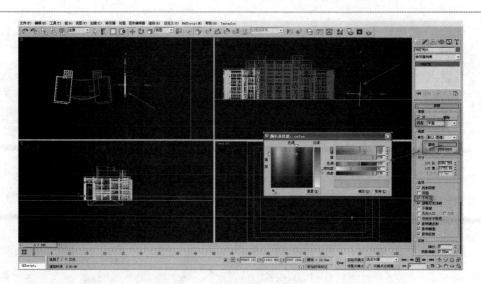

图 13.14

把地面排除出该辅助光的照明范围，如图 13.15 所示。

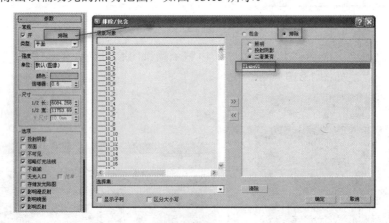

图 13.15

渲染之后得到如图 13.16 所示的结果。

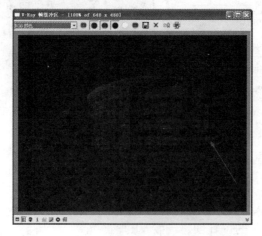

图 13.16

13.2.3 室内灯光照明

为了把室内的灯光照明效果表现出来，需要对目前场景中玻璃的初步材质进行一些调整，因为目前玻璃的透明效果并没有表现出来。用吸管工具把材质吸到【材质编辑器】窗口中，发现是一个【多维/子对象】材质类型，且已经命名，找到玻璃材质，进行如图 13.17 所示的调整。

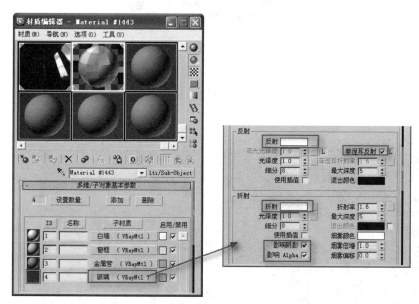

图 13.17

在如图 13.18 所示的位置放置两盏泛光灯，参数设置如图 13.18 所示，注意需要把灯光的远距衰减打开，这样在照射范围之内就会有灯光的衰减效果了。

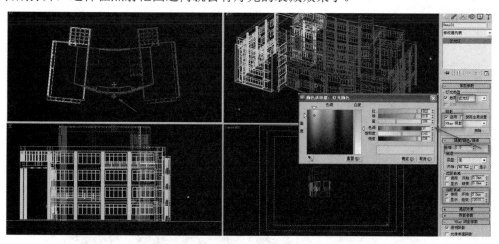

图 13.18

从渲染之后得到的结果可以看出一楼的中庭灯光也影响到了建筑物的二、三、四层，这是不正常的。这是因为该座建筑没有建楼板的模型，因此需要在楼层之间把模型建立起来，如图 13.19 所示。

图 13.19

孤立综合楼主体，且把顶视图最大化，采用画线工具，沿着主体的内侧画线，最后封闭线条，进行挤出操作，注意在画线的时候尽量靠内侧，这样最终挤出的楼板物体才不会突出墙体，如图 13.20 所示。

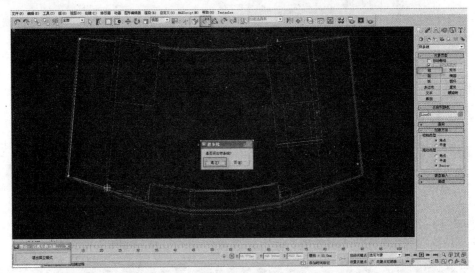

图 13.20

把挤出来的楼板放置在楼层之间作为楼板，如图 13.21 所示。

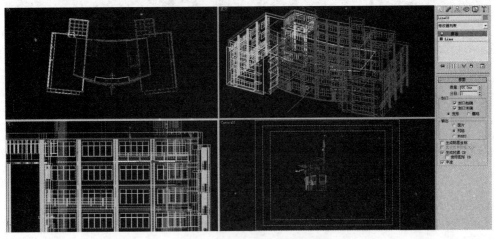

图 13.21

从渲染之后得到的结果可以看出中庭的灯光已经不会影响上层了，如图 13.22 所示。

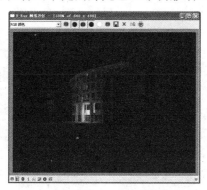

图 13.22

　　中庭的灯光亮起来是不够的，从一般建筑来讲，夜间的室内也是应该亮起来的，本章案例需要的是使每层楼板都要亮起来，在这里需要做几盏灯光来照亮楼板，用泛光灯来实现。从摄像机的角度，灯光越往里越暗，所以灯光放置在如图 13.23 所示靠近建筑物前段的位置。

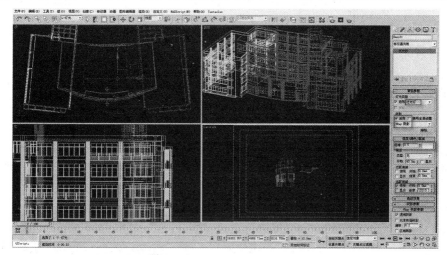

图 13.23

渲染得到的结果如图 13.24 所示。

图 13.24

每个楼层都依次建立灯光，注意适当地有些色彩上的变化，得到的结果如图 13.25 所示。两侧的楼房也用相同的方法创建灯光，尽量使灯光的色彩不要太单一，如图 13.26 所示。

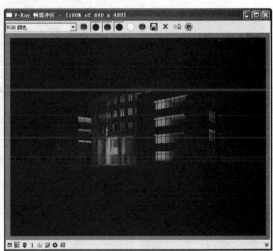

图 13.25   图 13.26

13.2.4 户外灯光照明

在中庭的户外两侧位置，向上布置两盏聚光灯，以丰富中庭部位的照明效果，如图 13.27 所示。

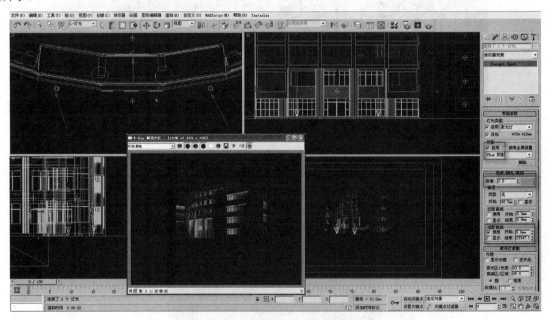

图 13.27

从画面来看两侧的红色墙体依然感觉很暗，且没有什么层次，在下面创建一个 VR 平面光来进行照明，注意把地面物体排除在照明之外，如图 13.28 所示。

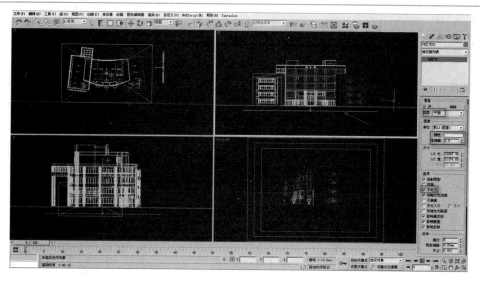

图 13.28

得到的结果如图 13.29 所示。

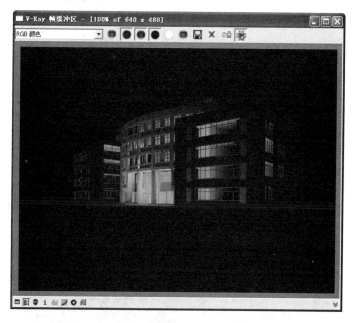

图 13.29

13.2.5　材质的细化

灯光的布置基本满意之后，下面来完善材质，主要采用吸管工具，把材质吸到【材质编辑器】窗口中，再用编辑的方法进行调节。具体的调节方法参考场景中的材质参数，与前面章节所讲述的材质调节类似，这里就不再赘述。

13.2.6　制作玻璃的反射环境

制作玻璃反射环境的参数设置如图 13.30 所示。

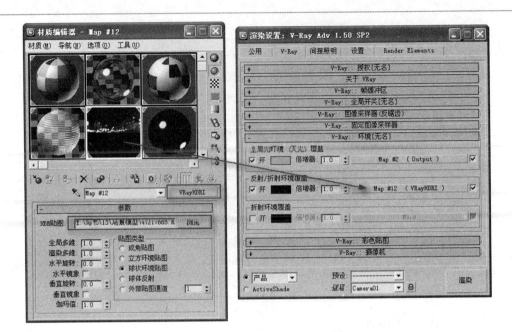

图 13.30

渲染之后得到如图 13.31 所示的结果，画面明显丰富了很多。

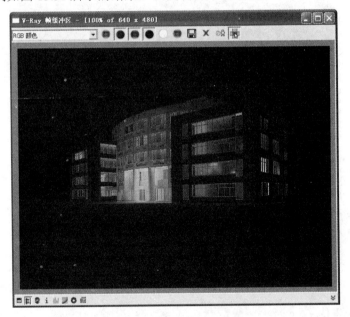

图 13.31

13.2.7　渲染输出

　　这里可以运用在前面案例中讲述过的【打印大小向导】工具对整个大楼进行渲染输出，然后在 Photoshop 软件中进行后期处理，并且还可以用色彩通道渲染对建筑的各个部分进行单独调节，方法是把所有的操作类型都换成标准材质类型，漫反射换成净色，自发光设置为 100，如图 13.32 所示。

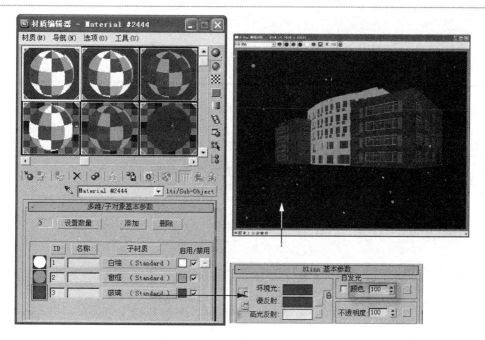

图 13.32

经过平面后期处理，加入素材润色之后就可以得到最终效果了。

本 章 小 结

在制作夜景的实例中，没有特别的技术难点，主要是不断调节和控制灯光的参数以达到适合的明暗对比与色彩对比，所以要充分熟悉 3ds max 中灯光的调节方法，特别是灯光的衰减调节方法，以期能快速、准确地制作出想要达到的夜景效果。

习 题

一、选择题

一般来说，建筑的人视角指的是_____。（单选）

A. 一点透视   B. 两点透视

C. 三点透视   D. 正交视图

二、简答题

1. 灯光阵列的原理和作用是什么？

2. 为什么要将主灯光调暖、灯光阵列调冷？

三、操作题

自己建立一个建筑模型，模拟出该建筑的夜晚灯光效果。

第14章 建筑日景

本章讲解的是一座高层建筑的日景效果表现，从 SketchUp 中整理导出模型开始，到模型的渲染，到后期处理的步骤都做了详细介绍，重点分析日景的光线分布情况，以及灯光阵列的布光技术。

本章重点：

1. 熟悉日景的光线分布情况

2. 掌握灯光阵列的布光技术

3. 熟悉日景后期处理的技巧，在渲染细节不是特别丰富的情况下如何在其中进行细节的添加

14.1 从 SketchUp 中导出模型

打开"高层建筑.skp"文件，这是在前面建模章节中创建的一座高层建筑的模型，如图 14.1 所示。

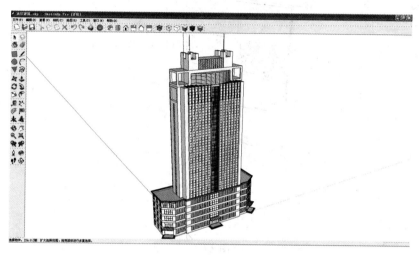

图 14.1

把该模型导入到 3ds max 中进行渲染制作，在导出之前注意检查一下面的法线方向，确保都是正面，也就是黄色的面，如果发现有蓝色的面的话，就在面上右击，选择【将面反转】命令即可。如果已经给模型赋予了材质，在【面的类型工具】按钮上，选择单色 模式就可以很好地观察到面的方向了。

按材质的方式来进行导出，所以先要在 SU 中给物体赋予一定的材质，只需要赋予一定的纯色作为材质即可，导出之后还将在 3ds max 中细致调节，在 SU 中赋予材质的目的只是为了将来导出到 3ds max 的时候好区分物体。按图 14.2 所示的方法首先创建一个材质。

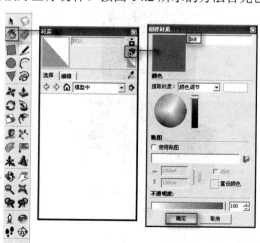

图 14.2

给材质命好名称，单击【确定】按钮，就在材质面板中创建了一个材质。然后进入到窗户的组件中，把材质赋给玻璃物体。因为大量的窗户都是以组件的方式进行创建的，看到其他实例窗户也跟着被赋予了材质，如图 14.3 所示。

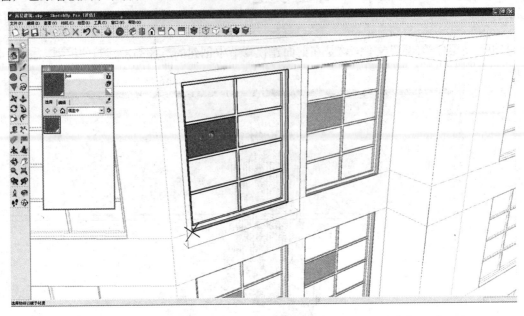

图 14.3

接着用同样的方式，陆续创建新的材质，指定给不同的物体，最后结果如图 14.4 所示。可以参看场景模型"高层建筑(材质).skp"文件。

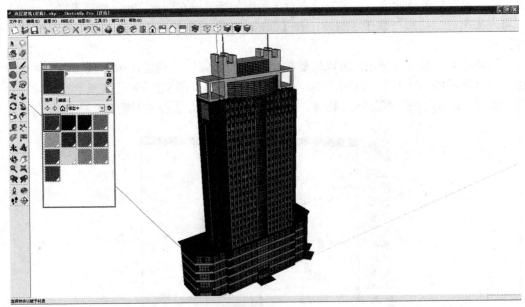

图 14.4

下面开始将模型导出，如图 14.5 所示。

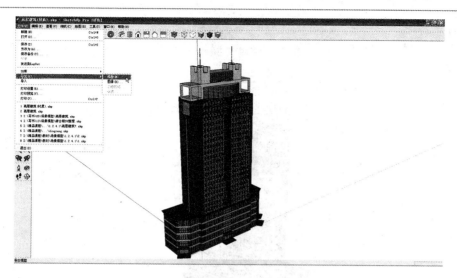

图 14.5

首先给场景取一个名称，按图 14.6 所示的选项导出。

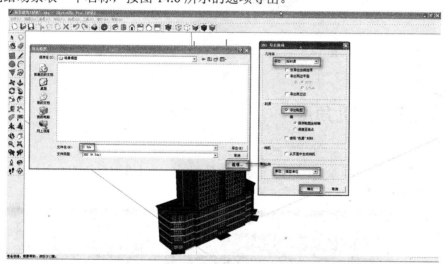

图 14.6

注意：如果在给 3DS 文件命名时是中文名称，且文字超过 2 个的话，在导出时，会出现图 14.7 所示的问题，单击【确定】按钮即可，这里建议大家最好还是用英文命名。而且这个出现问题的面板可能还会直接缩小在 Windows 任务栏中，而屏幕上显示的是正在导出的界面，但导出进度条不再向前移动，如图 14.8 所示。此时不用再等，只要在任务栏中把这个出现问题的对话框打开，如图 14.7 所示，单击【确定】按钮即可。

导出以后会有如图 14.9 所示的一个导出结果。

图 14.7

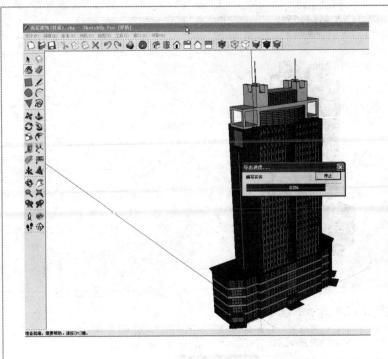

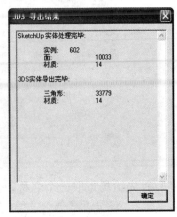

图 14.8   图 14.9

14.2 调整摄像机角度

模型导出来以后，即可在 3ds Max 中导入该模型了，保持选中默认的"合并对象到当前场景"选项， 如图 14.10 所示。

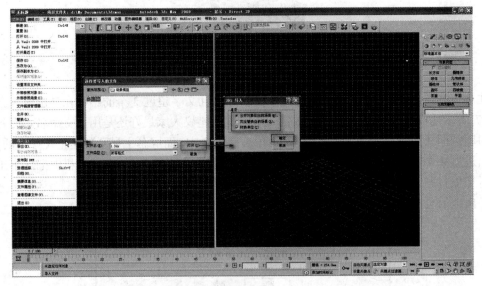

图 14.10

这时会弹出图 14.11 所示的面板，不需要进行动画设置，单击【否】按钮。

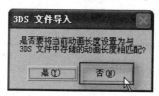

图 14.11

这样，场景就导入进了 3ds Max 之中，如图 14.12 所示。

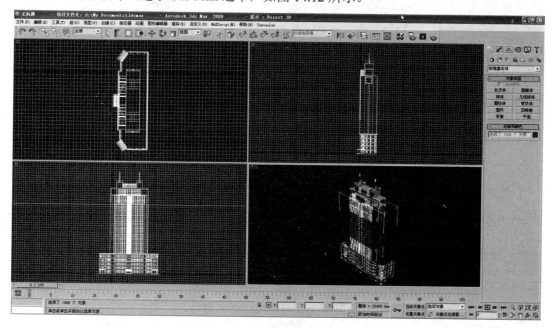

图 14.12

注意：在导入到 3ds Max 中时，如果选择【完全替换当前场景】选项的话，如图 14.13 所示，将会把 SU 中的环境光导入进来，会对场景中的灯光设置有一定的影响。

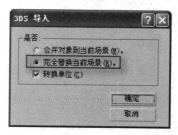

图 14.13

可以在【环境和效果】面板中重新设置环境光为纯黑色，如图 14.14 所示。

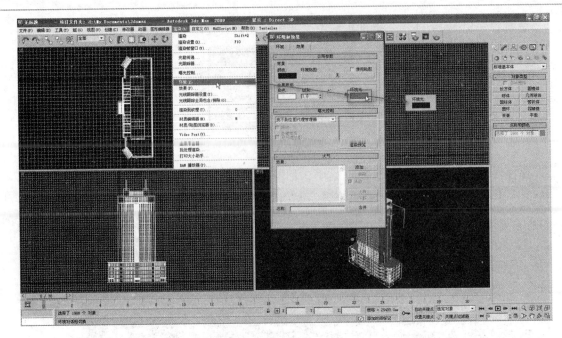

图 14.14

在开始渲染之前，首先要在场景中创建一台摄像机，以便在适合的视角对场景进行观察并且渲染。在图 14.15 所示的位置创建一架摄像机，注意调整好【视野】选项的值。把透视图换成摄像机视图。

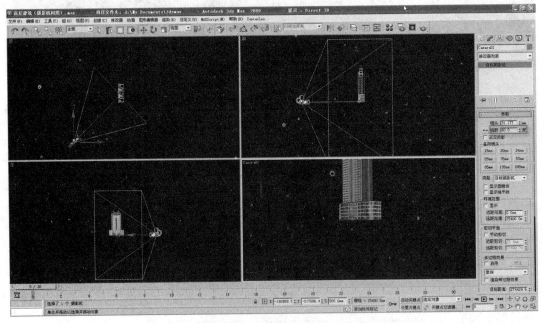

图 14.15

为了更好地观察建筑，需要在建筑物的下方创建一个地面。在顶视图中建立一平面物体，把渲染缩放设置为 100，这样在渲染时就不会看到这个平面的边缘了，如图 14.16 所示。

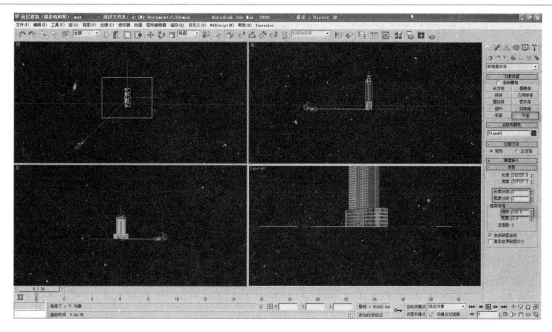

图 14.16

注意观察，发现平面所在的位置并不是建筑物的最下方，这是因为当时在 SU 建模时，向下增加了梯级的高度 600mm。选择平面物体，右击【移动】工具 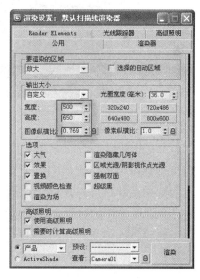，在【移动变换输入】对话框中的 Z 轴上输入-600mm，如图 14.17 所示。

为了表现一种高层建筑向上的挺拔感，采用竖向构图的方式，并在摄像机视口选择【显示安全框】命令，如图 14.18 和图 14.19 所示。

图 14.17

图 14.18

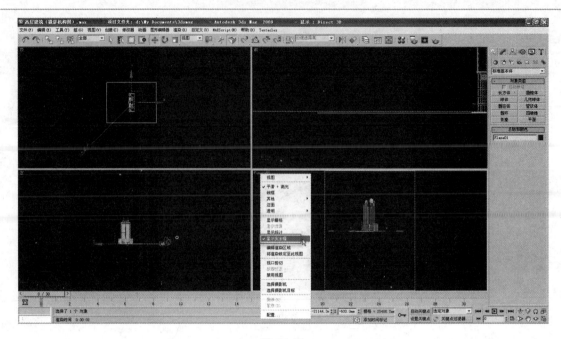

图 14.19

渲染之后得到图 14.20 所示的结果。

图 14.20

可以看到，当前渲染的图像是一种金字塔型的构图方式，这样的构图显得稳定而庄重，并且使被拍摄物体看起来比较伟岸，可以看到楼房的侧面线条互相平行并且垂直于地面，这是因为摄像机的观察点和目标点是位于同于高度的原因。

注意：在表现建筑的时候，一般采用两点透视的方式。在这种方式中，摄像机本身一般放置在离地面比较近的位置。大约在 1m 的高度，并且和摄像机目标点在一个水平面之内。这样可以使建筑的竖向线条互相平行且垂直于地面。两点透视的方式一般适合表现建筑的人视外观，使建筑看起来平衡和稳定。

为了使建筑在渲染图像中占较大比重，在【要渲染的区域】下拉列表中，选择【放大】命令，此时发现在摄像机视口中出现了一个白线框，单击线框四周的小白方块并拖动，可以改变线框的大小，如图 14.21 所示。

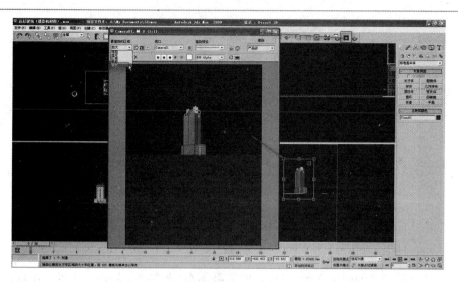

图 14.21

再单击【渲染】按钮，得到图 14.22 所示的结果。

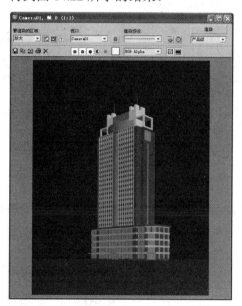

图 14.22

14.3 日景光照分析

室外的光主要分两类。

一是由太阳光形成的直接光照，这是场景的主要亮度来源，并且使建筑形成了最基本的明暗对比的大关系。由太阳光形成的阴影是清晰的、强烈的，如图 14.23 所示。太阳距离地球很远，所以太阳光可以被看成是平行光，所以在 3D 中以平行光来模拟太阳光的效果，并开启清晰的阴影。

图 14.23

　　二是由漫反射形成的间接光照，间接光照无处不在。光在光滑的镜面上的反射叫镜面反射。如果物体表面凸凹不平，发生的反射叫漫反射，如图 14.24 所示。

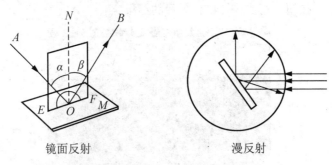

镜面反射　　　　　　　　　漫反射

图 14.24

　　在真实的物理世界中，建筑的玻璃是镜面反射，但更多的墙面、涂料、石材、混凝土等都是漫反射。另外由于大气中含有各种水汽及尘埃等微小颗粒，太阳光照射到大气中，大气也会发生漫反射。所以在真实的世界中，除了直射的太阳光，余下的光照主要是大气对物体的漫反射光照以及物体对物体的漫反射光照。

　　由于漫反射形成的光照没有清晰的方向，因此没有清晰的阴影，如图 14.25 所示。

图 14.25

在建筑这种大尺度场景中，漫反射主要提供了建筑物暗部或者细节部分的照明。

例如在没有太阳直接照射的建筑物的背光面，这部分主要受来自大气的漫反射光影响，也称为天空光，天空光与太阳光一起塑造了建筑物的整体明暗关系。

在建筑物的暗部与细节之处，物体对物体的漫反射光占了主要的成分，这部分光照形成了均匀的、柔和的、微妙的明暗过渡，塑造了局部的退晕与变化，使世界看起来更丰富生动，富于肌理变化。

在 3D 中如果不借助全局光渲染引擎，如 VRay、Mental ray 等，那么可以用灯光阵列的方式来模拟漫反射的效果。

一个灯光可以产生比较清晰的投影，若 N 个灯光从各个方向均匀照明，模拟漫反射的来光，N 个方向的阴影相互叠加，则可以产生柔和的均匀的明暗过渡，主要在建筑物的暗部造成了退晕与变化，这就是使用灯光阵列的原因。其实，在渲染建筑的时候使用灯光阵列，主要的原因还是速度，大多数情况下，灯光阵列的效率还是很高的。

14.4 材质的初步调节

材质的初步调节也是一个熟悉场景，采用的方法是在【材质编辑器】中用【吸管】工具，把材质吸到示例窗中进行编辑，这种编辑主要是给一个基本的颜色，或者贴图即可。当然对在 SU 中建立的模型有不完善的地方，而导致贴图不方便的地方也需要调整。

把材质吸进【材质编辑器】示例窗中，顺便把材质的名称用中文命名。在导出 3DS 文件时，原来的中文材质名称是没有的，如图 14.26 所示。

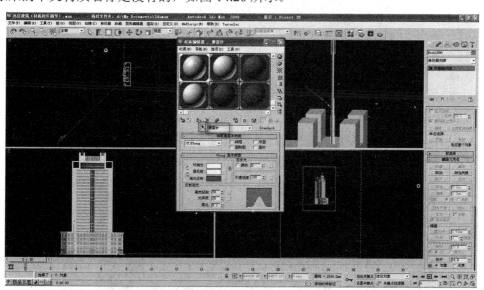

图 14.26

把所有的材质都以此方法进行简单的调整。整体建筑的表面是有贴图的，所以需要把贴图做上去，先用【吸管】工具把主墙体的材质吸到【材质编辑器】中，并命名为"墙1"，如图 14.27 所示。

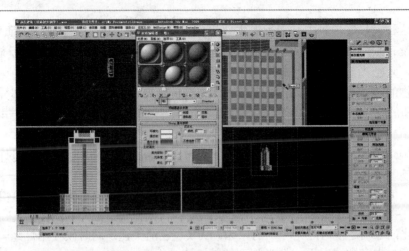

图 14.27

单击【按材质选择】按钮 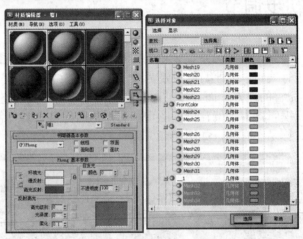，把所有赋予了该材质的物体都选择上，如图 14.28 所示。

图 14.28

孤立当前选择，以方便编辑，如图 14.29 所示。

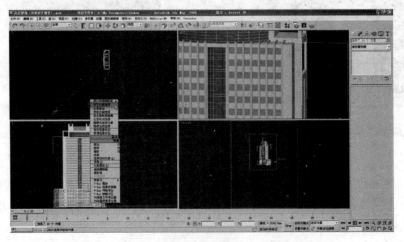

图 14.29

发现赋予该材质的物体有 40 个对象，暂时先把所有的这些物体都附加成一个物体。选择其中的一个物体，在【修改】命令面板中选择【附加列表】命令，在弹出的【附加列表】对话框中把所有的物体都选择上，这样就变成一个物体了，如图 14.30 所示。

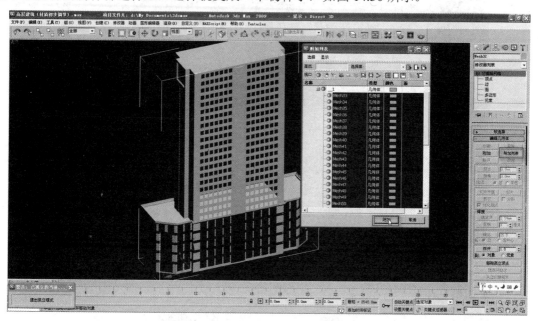

图 14.30

在物体上右击，转换成可编辑多边形，如图 14.31 所示。

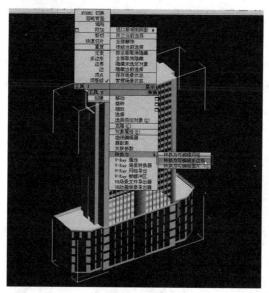

图 14.31

框选上面的这些多边形并分离成单独的"对象 01"，以便于材质的编辑，如图 14.32 所示。

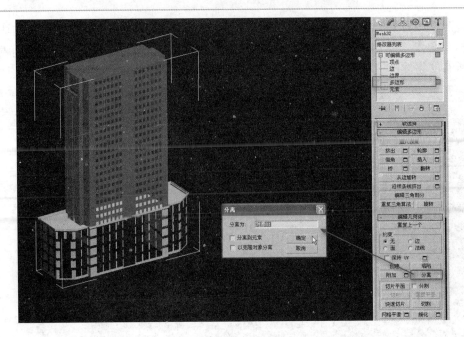

图 14.32

在左视图中选择图 14.33 所示部分，分离出 "对象 02"。

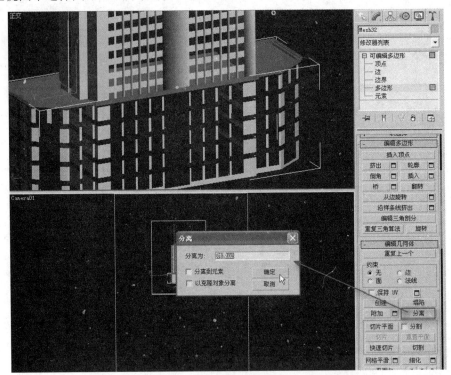

图 14.33

把剩下的部分改名为 "对象 03"，这样总的建筑就分成了上、中、下 3 个部分，分别进行贴图的调整。退出孤立模式，选择 "对象 01" 物体，添加【UVW 贴图坐标】修改器，如图 14.34 所示。

图 14.34

回到【材质编辑器】，在"墙1"材质的【漫反射】通道上添加一张墙砖的贴图，如图 14.35 所示。

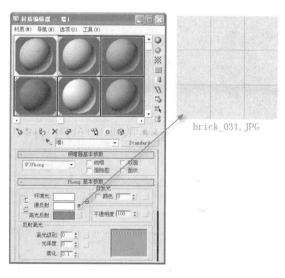

brick_031.JPG

图 14.35

用【缩放】工具 调整【UVW 贴图坐标】的大小，指导贴图的大小直到基本符合要求为止，如图 14.36 所示。

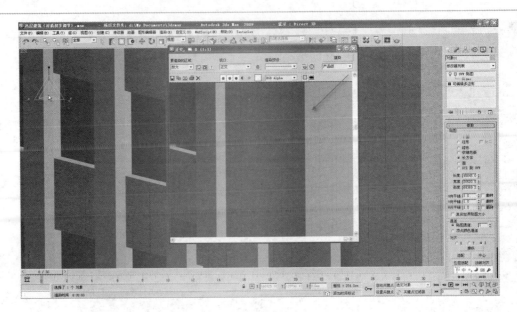

图 14.36

为"对象 02"物体重新赋予一个白色的材质，如图 14.37 所示。

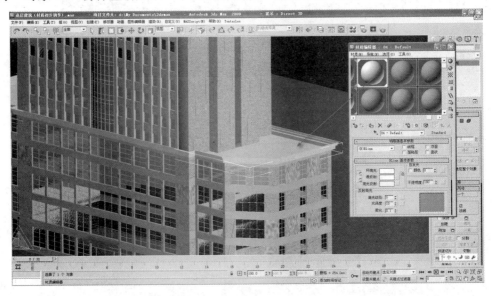

图 14.37

同样也给"对象 03"物体赋予一个【UVW 贴图坐标】，调整贴图坐标的大小，使贴图的大小看起来与"对象 01"的大小一致。这样就完成了整个物体材质的初步设置。

14.5　基本灯光参数

由于需要渲染日光照射的效果，因此首先需要在场景中创建一盏主光来模拟太阳光。大家都知道,真实世界中的阳光相对于地球来说是一种平行光。在这里选用目标平行光来进行模拟。

创建灯光可以采用顺光、逆光及侧光的方式，如图 14.38 所示。

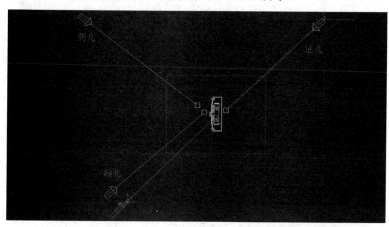

图 14.38

一般在渲染建筑物时采取的是侧光方式，并且光源和摄像机的夹角大致为出入射角的关系，这样会比较容易渲染出光源在建筑物表面反射出的高光效果。因此在图 14.39 所示的位置创建一盏目标平行光。

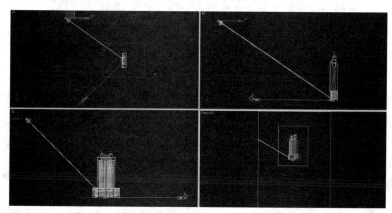

图 14.39

把当前视图切换到灯光视图，如图 14.40 所示。

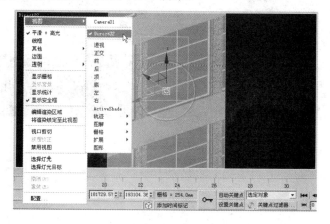

图 14.40

在该视图中可以方便地观察灯光的照射范围，运用右下角的【灯光视图调整】工具，对灯光的照射范围进行调整。由于要保证任何时候都有清晰锐利的阴影，因此这里将灯光的聚光区和衰减区设置为非常接近的数值，如图 14.41 所示。

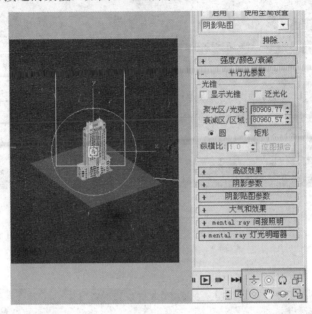

图 14.41

切换为摄像机视图，修改灯光的颜色为乳白色，如图 14.42 所示。

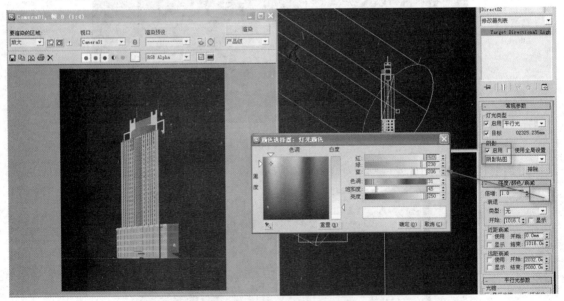

图 14.42

背景一片漆黑不利于观察效果，晴朗的天空应该是天蓝色的，因此需要改变背景的颜色，如图 14.43 所示。

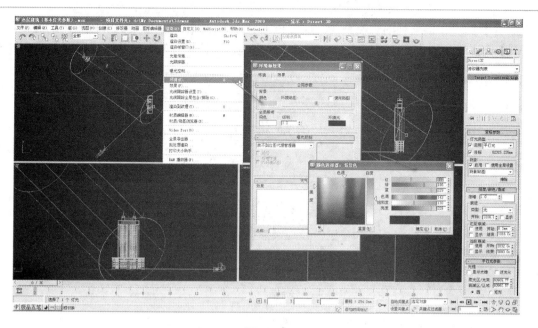

图 14.43

得到了比较好的背景效果，但同时也发现物体的阴影出现了问题，如图 14.44 所示。

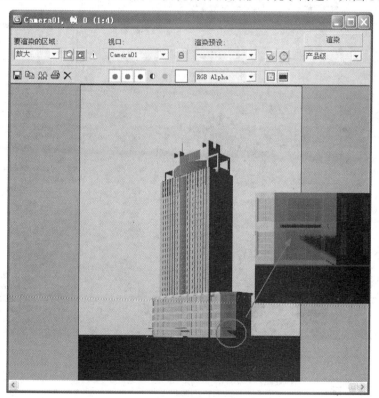

图 14.44

这是因为启用的是默认的【阴影贴图】的阴影类型，在建筑行业中常用的阴影类型是【阴影贴图】和【光线跟踪阴影】类型，在表现太阳光的清晰锐利的阴影类型时，一般采用的是【光线跟踪阴影】类型，但这种阴影类型的渲染速度非常慢，所以在测试渲染的阶段采用的还是【阴影贴图】的阴影类型，但导致如此差的渲染结果也不是设计想要的，可以通过调整【阴影贴图参数】卷展栏中的参数来进行调整，如图 14.45 所示。

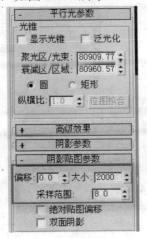

图 14.45

把灯光的强度设置成 1.2，得到图 14.46 所示的结果，主灯光设置完成。

图 14.46

14.6 灯光阵列

接下来创建辅助灯光来对建筑物的暗部进行照明，首先观察一张真实的建筑图片，发现建筑物暗部的光照主要是来自天空的漫反射光线，是冷色调的光照。由于天空的光线来自于四面八方，因此所形成的阴影也是十分柔和的，如图 14.47 所示。

图 14.47

现在暂时不需要调节主光源，可以把它隐藏起来，场景中的摄像机也不需要再调整，因此也隐藏起来。接下来在场景中创建辅助光源，由于【目标聚光灯】可以产生发散的阴影效果，因此十分适合用来作为补光照亮场景。在顶视图中的图 14.48 所示位置创建一盏目标聚光灯。

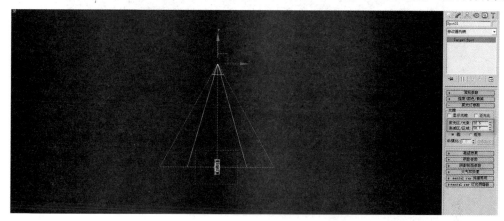

图 14.48

配合 Shift 键，使用【移动】工具 ✛ 和【旋转】工具 ↻，对灯光进行【实例】方式的复制，共创建出 8 盏，如图 14.49 所示。

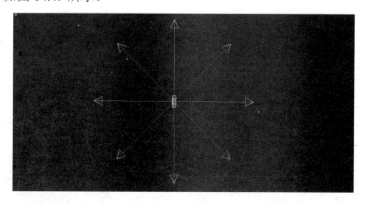

图 14.49

在左视图或前视图调整一下灯光的高度位置，如图 14.50 所示。

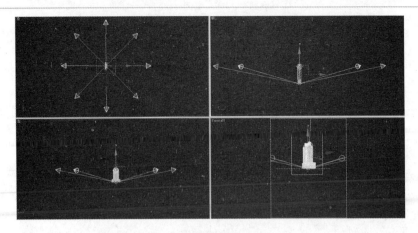

图 14.50

　　为了创建更多的光线来模拟更好的阴影效果，可以将当前的灯光再向上复制出 3 层，此时选择【复制】的方式，以便于每层灯光分别调整参数，如图 14.51 所示。

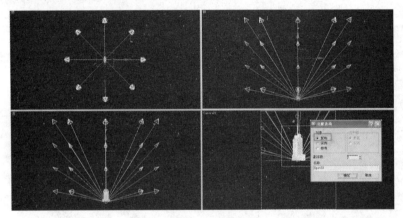

图 14.51

　　此时场景中有 4 层灯光，每一层共 8 盏，也就是说场景中目前共有 32 盏灯光，灯光数量越多，模拟的效果会越好，但是会减慢渲染速度，实际制作时要根据需要来进行调整。仔细观察，现在所有的辅助光都是向下对建筑物进行照射的，因此需要再复制出一层来模拟地面的反射光对建筑物底部的照明，也采用【复制】的方式，如图 14.52 所示。

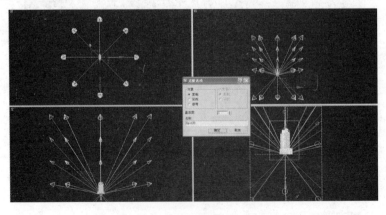

图 14.52

辅助光创建完毕，接下来就要调节每层灯光的具体参数。从现实生活中可以知道，在建筑物的顶部的位置，由于大气比较稀薄，天空看起来会更蓝，亮度也会更低。在靠近地平线的位置，由于大气较厚，因此颜色会更浅，光照会显得更亮，如图 14.53 所示。

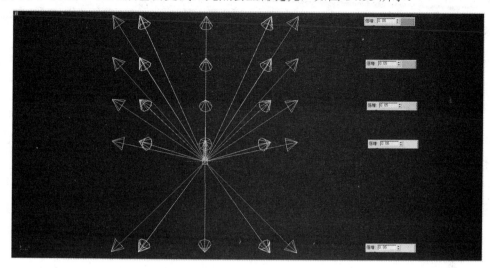

图 14.53

为了使阴影更加柔和，把各层的【阴影贴图参数】卷展栏中的参数做了图 14.54 所示的调整。

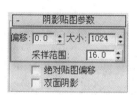

图 14.54

选择地面上最上面一层和中间一层的所有灯光，在顶视图中用【旋转】工具，进行约 22.5°的旋转。这样将会得到更加细腻的光线，如图 14.55 所示。

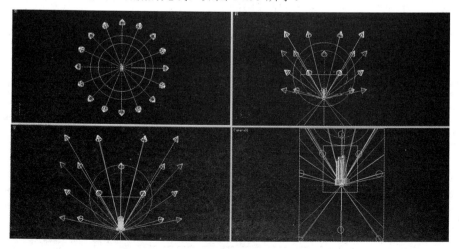

图 14.55

渲染结果如图 14.56 所示。

发现建筑物的暗部还是有点太暗，把主灯光显示出来，把主灯光的【阴影参数】卷展栏中的密度值由原来的 1 调整为 0.7，再进行渲染，如图 14.57 所示。

图 14.56   图 14.57

补光照明的操作如下。

建筑物的洞口处光照并不是一成不变的，在接近洞口的位置会受到较强的光照，而在逐渐深入的过程中，光线变得越来越暗，如图 14.58 所示。

图 14.58

因此这些地方的光照都是不正常的，如图 14.59 所示。

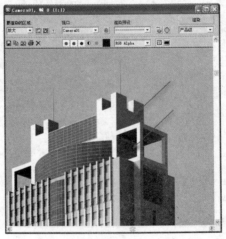

图 14.59

我们使用创建泛光灯并打开泛光灯的衰减方式来进行补光的布置，如图 14.60 所示。添加补光之后的整体效果如图 14.61 所示。

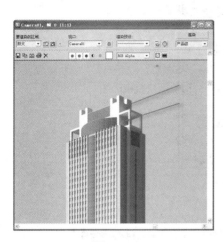

图 14.60

图 14.61

14.7　最终渲染输出

该案例中的大量玻璃质感将在后期中进行调整，这也是出于效率的原因考虑。大家一定还记得，在前边的章节中，为了得到更快的渲染速度，把主光源的阴影类型设置成了【阴影贴图】类型。在这里为了得到十分锐利而准确的阴影，首先把主灯光的阴影类型换成【光线跟踪阴影】类型，如图 14.62 所示。

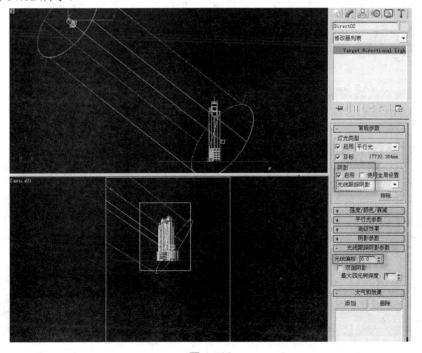

图 14.62

指定图像的渲染尺寸，如图 14.63 所示。

图 14.63

指定图像的输出格式，如图 14.64 所示。

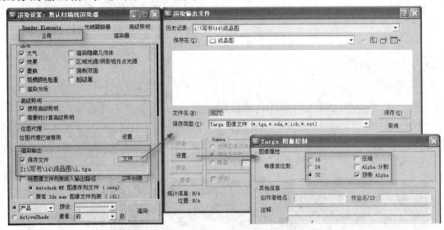

图 14.64

指定使用抗锯齿过滤器，如图 14.65 所示。

最终效果如图 14.66 所示。

图 14.65

图 14.66

为了后期处理的需要，输出色彩通道。把场景中所有的灯光删除，并把材质的【漫反射】颜色设置成纯色，【自发光】设置成 100，如图 14.67 所示。

渲染出色彩通道效果，如图 14.68 所示。

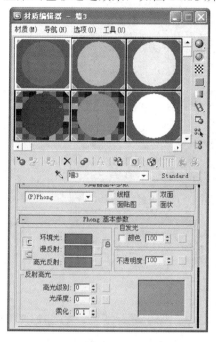

图 14.67

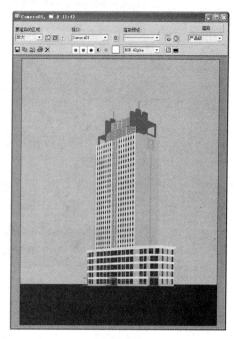

图 14.68

14.8   图像后期处理

首先制作大环境效果，把渲染所得的最终图像和色彩通道图在 Photoshop 中打开。全选色彩通道全图，按 Ctrl+C 键复制，激活渲染最终图像，粘贴，使色彩通道成为一个新的图层并给图层重新命名，如图 14.69 所示，然后即可关闭色彩通道文件。

图 14.69

进入【通道】面板，按住 Ctrl 键并单击 Alpha1 通道，选择 Alpha1 通道，如图 14.70 所示。

图 14.70

进入【图层】面板，把"渲染图"图层和"色彩通道"图层进行链接，如图 14.71 所示。

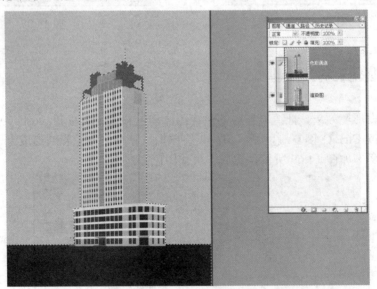

图 14.71

打开"环境.psd"文件，并且用【移动】工具把"渲染图"图层和"色彩通道"图层一并拖到"环境.psd"文件中，如图 14.72 所示。

"色彩通道"图层暂时不需要显示，先关闭，如图 14.73 所示。

图 14.72

图 14.73

大关系的调整首先是色彩关系的调整，要使建筑物能够很自然地融入环境的色调中来。可以看到建筑物明显有点偏黄了，用【色彩平衡】工具进行调整，如图 14.74 所示。

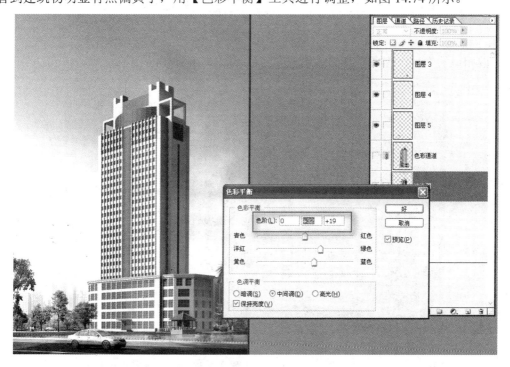
图 14.74

建筑物的玻璃占面积比较大，下面就开始来处理玻璃的效果。把"色彩通道"图层显示出来，并用【魔术棒】工具选择表示玻璃的蓝色区域，如图 14.75 所示。

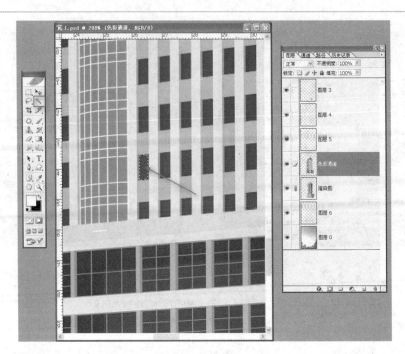

图 14.75

选取相似的方法，选择所有的其他玻璃区域，如图 14.76 所示。

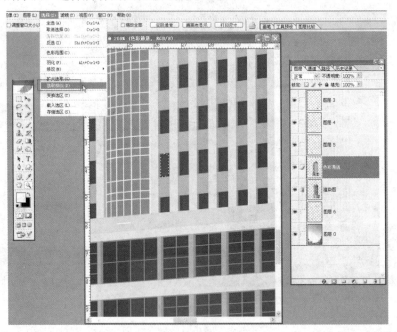

图 14.76

继续关闭"色彩通道"图层的显示，进入到"渲染图"图层，为了保护原来图层，按 Ctrl+J 键，把所选择的区域变成一个新图层，并命名为"玻璃"，如图 14.77 所示。

图 14.77

　　打开 "xlbl1.jpg" 文件，并拖动到渲染图的文件中，按 Ctrl+T 键进行缩放的操作，如图 14.78 和图 14.79 所示。

图 14.78

图 14.79

按 Enter 键确定。"xl6l1.jpg"文件中上面的这一部分也要能够覆盖住玻璃区域，采用向上复制云彩部分的方法进行操作，如图 14.80 和图 14.81 所示

图 14.80   图 14.81

按住 Ctrl 键单击"玻璃"图层，把玻璃图层区域选择上，如图 14.82 所示。

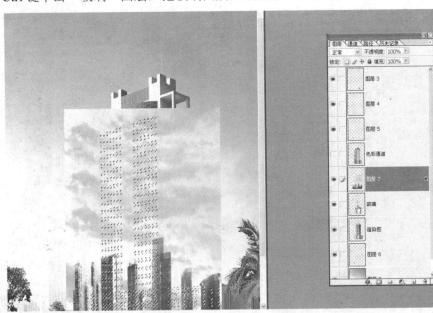

图 14.82

按 Ctrl+J 键，把所选择的区域变成一个新图层，并把原图层删除，如图 14.83 所示。

图 14.83

把图层 8 和"玻璃"图层合并，并重新命名为"玻璃"，如图 14.84 所示。

图 14.84

现在玻璃的效果已经非常丰富了。下面开始做玻璃幕墙,从图 14.85 所示的照片中可以看到玻璃幕墙的反射更强,可以让图像对比度更大一些。

按选择玻璃的方法,选择玻璃幕墙的区域,并做成一个新的图层,命名为"玻璃幕墙",如图 14.86 所示。

图 14.85   图 14.86

打开"环境 27.jpg"文件,选择其中的一部分,拖动到效果图文件上,如图 14.87 所示。

图 14.87

按 Ctrl+T 键进行调整，如图 14.88 所示。

图 14.88

再拖动一部分云彩到玻璃幕墙的上半部分区域，如图 14.89 所示。

图 14.89

把这两部分合并成一个图层，如图 14.90 所示。

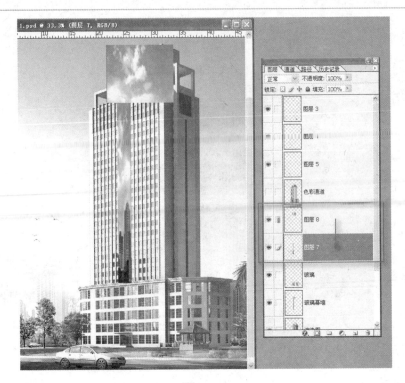

图 14.90

按住 Ctrl 键，单击"玻璃幕墙"图层，创建出选择区域，并在刚才合并成一个图层的云彩图层上，按 Ctrl+J 键，创建一个新图层，并把原图层删除，如图 14.91 所示。

图 14.91

把该图层和"玻璃幕墙"图层合并，并重新命名为"玻璃幕墙"。调整"玻璃幕墙"图层的颜色，如图 14.92 所示。

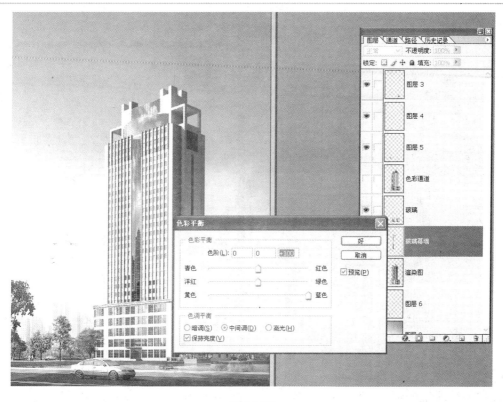

图 14.92

用【加深】工具把暗部区域加深，得到更加真实的效果，如图 14.93 所示。

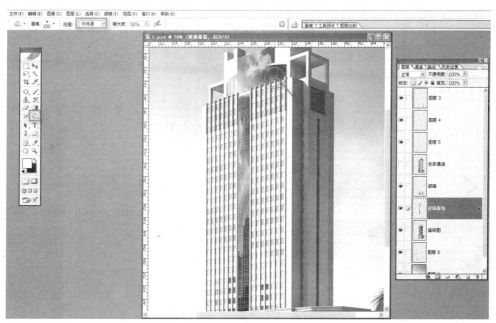

图 14.93

目前整体效果不错，对以下箭头所指的区域，进行一个渐变填充的操作，不要出现死板的现象，如图 14.94 所示。

经过修改地图环境和整体的润色处理，最终的效果如图 14.95 所示。

图 14.94

图 14.95

本 章 小 结

在本章中介绍了灯光阵列的最基本的制作方法，实际上在文中所提到的参数设置都不是唯一的，灯的数目还可以更多或更少，具体的参数还可以做相应的更改，最主要的是要学会其制作思路和方法。

习 题

一、选择题

在制作日景时，主灯光一般采用_____。（单选）

A. 泛光灯   B. 目标聚光灯

C. 目标平行光   D. 天光

二、操作题

自己建立一个建筑模型，模拟出该建筑的白天的灯光效果。

第15章 鸟瞰效果图的制作

　　鸟瞰效果图是一种常用的效果图类型，多用于表现园区环境、规划方案、建筑布局等内容，这与单体效果图是不同的。因为画面表现场景一般较大，所以画面颜色的丰富就显得尤为重要，不然很容易让人觉得单调，画面颜色的丰富并不是指要将各种颜色都用在同一个画面上，而是指颜色关系是否有变化，即使只有两三种基本颜色，只要协调、有对比，有空间的层次，就能够产生丰富的颜色感觉。

本章重点：

1．熟悉为灯光指定 VRayHDRI 环境贴图的方法

2．熟练掌握鸟瞰效果图的摄像机设置方法

3．熟悉出成品图的参数

15.1 场景摄像机及照明设计

由于鸟瞰效果图是标准的室外俯瞰效果，因此摄像机与灯光的设置会有一些变化。摄像机的设置要有一定的高度，以显示出周围的辅助设施。灯光的设置多以日光为主。

打开"模型(初始).max"场景文件，下面为鸟瞰效果图设置摄像机，设置摄像机时一般不使用广角摄像机，这与室内效果图有所不同。按如图 15.1 所示的参数创建一架目标摄像机。

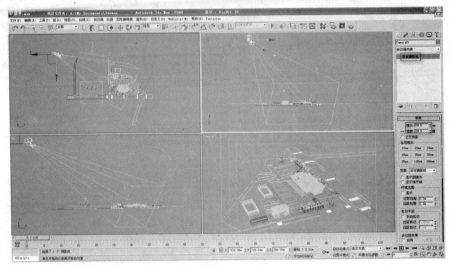

图 15.1

将 3ds Max 默认的扫描线渲染器更改为 VRay 渲染器。在场景中创建一盏 VR 灯光的穹顶形灯光，在顶视图任意位置单击一下创建，如图 15.2 所示。

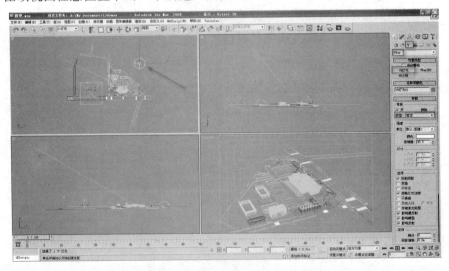

图 15.2

进入【参数】卷展栏，调整该灯光的参数，得到如图 15.3 所示的结果。

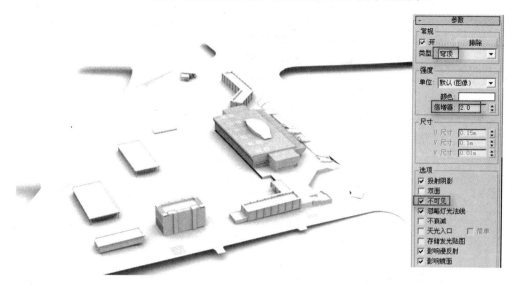

图 15.3

为了改善场景的曝光效果，将 VRay 的彩色贴图【类型】更改成【HSV 指数】，参数默认，如图 15.4 所示。

为了表现一定的环境光影效果，使场景更加逼真，为灯光指定 VRayHDRI 环境贴图，选择 VR 的穹顶灯光，按如图 15.5 所示的方法操作。

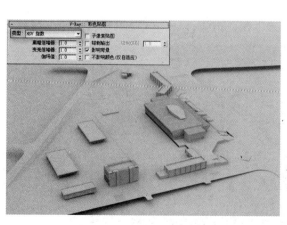

图 15.4

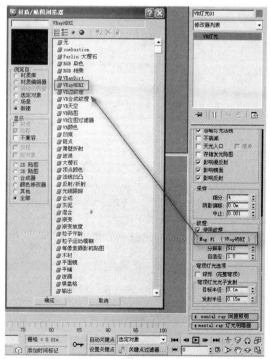

图 15.5

把 VRayHDRI 环境贴图以实例方式拉到【材质编辑器】窗口中，如图 15.6～图 15.8 所示。

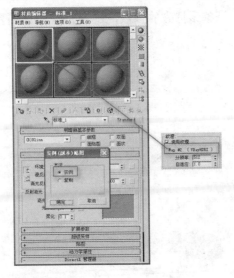

图 15.6

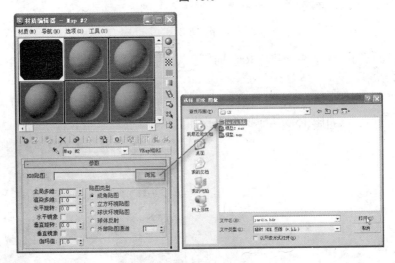

图 15.7

按如图 15.8 所示的参数调整 VRayHDRI 环境贴图，渲染之后得到如图 15.8 所示结果。

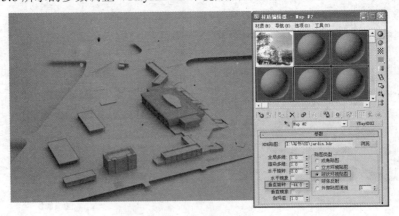

图 15.8

下面为场景创建阳光，按如图 15.9 所示的位置创建一盏标准灯光类型中的目标平行光。
渲染之后得到如图 15.10 所示的结果。

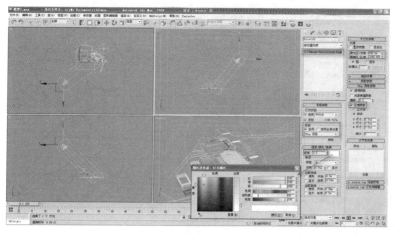

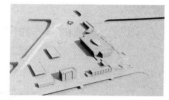

图 15.9　　　　　　　　　　　　　　　　　　　　图 15.10

15.2　场景材质设置

对于鸟瞰效果图的场景模型，一般都会比较复杂，所以在建模的时候，都需要给模型命名，
这样就便于之后的模型的选择，也便于给场景物体赋予材质的操作，给场景中的同一种材质的
物体命名一个选择集，也是一个不错的方法。本案例就是利用选择集的方法，把调整好的材质
赋给相应的选择集，如图 15.11 所示。

玻璃材质的制作如图 15.12 所示。

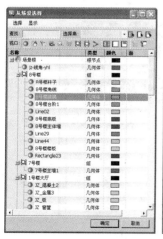

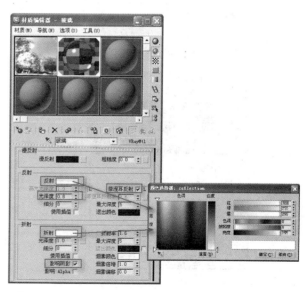

图 15.11　　　　　　　　　　　　　　　　　　　图 15.12

进入到选择集，选择"玻璃"选项，如图 15.13 所示，再在【材质编辑器】窗口中，单击 按钮，将材质指定给选定对象，其他物体也按这种方法赋予材质。

图 15.13

混凝土材质的制作如图 15.14 所示。

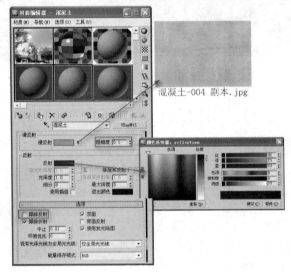

混凝土-004 副本.jpg

图 15.14

金属板材质的制作如图 15.15 所示。

窗框材质的制作如图 15.16 所示。

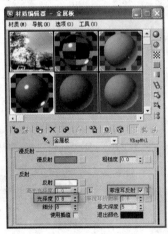

图 15.15

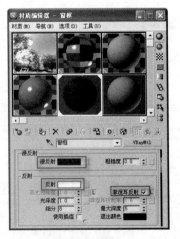

图 15.16

楼顶板材质的制作如图 15.17 所示。

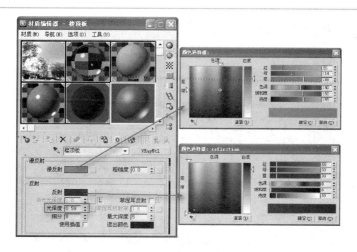

图 15.17

人行道材质的制作如图 15.18 所示。

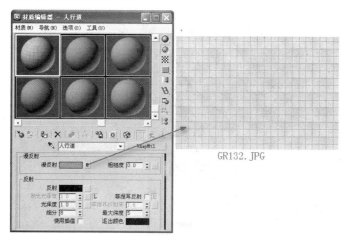

GR132.JPG

图 15.18

护栏材质的制作如图 15.19 所示。

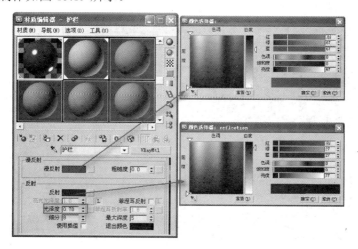

图 15.19

路间草地的制作如图 15.20 所示。

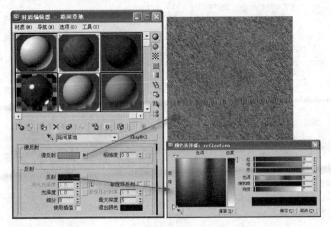

图 15.20

主体墙的制作如图 15.21 所示。

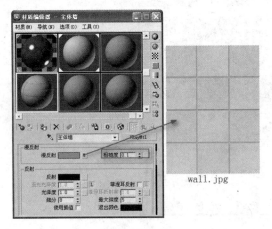

wall.jpg

图 15.21

地面瓷砖材质的制作如图 15.22 所示。

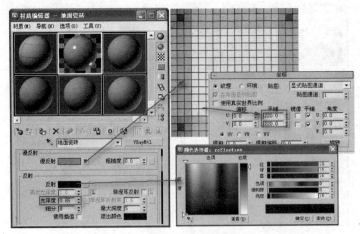

图 15.22

大厅地板材质的制作如图 15.23 所示。

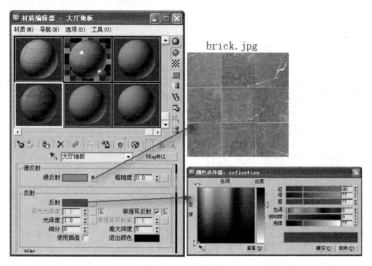

图 15.23

15.3 渲染设置

在材质调节完成以后，测试渲染一下，得到如图 15.24 所示的一张效果图。

下面就开始对灯光和渲染参数进行细化，从而准备进行最终成品图的渲染。首先细化灯光部分，分别选择穹顶灯光和目标平行光，把它们的细分都调整为 16，如图 15.25 所示。

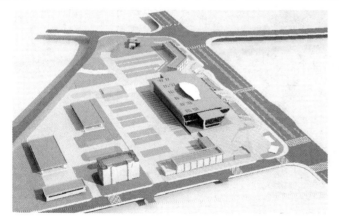

图 15.24

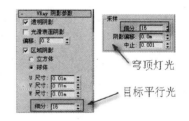

图 15.25

下面是渲染参数的细化，如图 15.26 和图 15.27 所示。

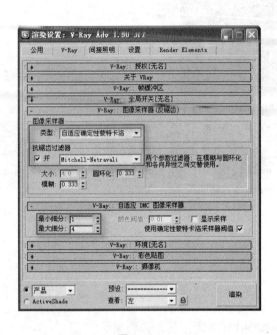

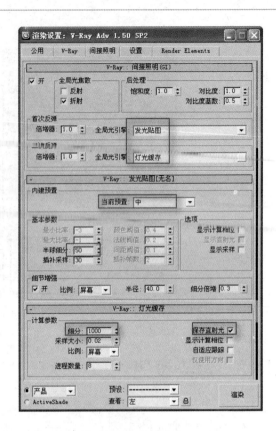

图 15.26   图 15.27

渲染图像的大小为 2000×1252 像素，得到如图 15.28 所示的结果。

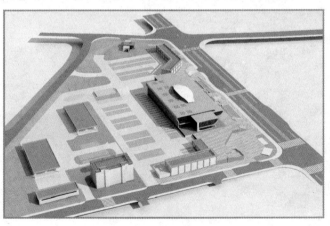

图 15.28

为了后期处理的方便，在进行图像渲染时通常还会渲染出该场景的通道文件，做法如下。

(1) 把场景中的所有灯光删除，把【间接照明】选项卡中的间接照明(GI)关闭，如图 15.29 所示。

(2) 把所有的材质类型都换成【标准】材质类型，并把漫反射颜色设置成自发光 100，如图 15.30 所示。

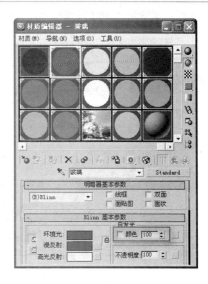

图 15.29   图 15.30

(3) 注意场景的大小和摄像机的位置千万不能动。进行渲染，得到如图 15.31 所示的一张色彩 ID 图，这将为在 Photoshop 中进行后期处理带来方便。

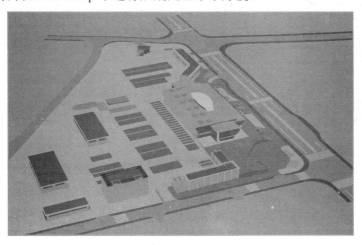

图 15.31

15.4　后期处理

在 Photoshop 中打开"鸟瞰图 3.tif"文件，这是摄像机另一个视角的渲染图，并把相应的色彩通道渲染图复制至"鸟瞰图 3.tif"，作为一个图层，并命名。把文件重新存成文件名为"鸟瞰图最终效果图.psd"的文件，如图 15.32 所示。

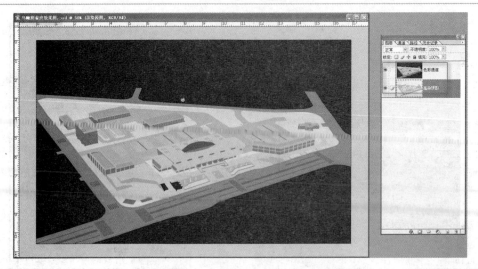

图 15.32

进入【通道】选项卡，在按住 Ctrl 键的同时单击 Alpha1 通道，选择通道。进入"渲染原图"和"色彩通道"图层，反选，把模型以外的区域删除，如图 15.33 所示。

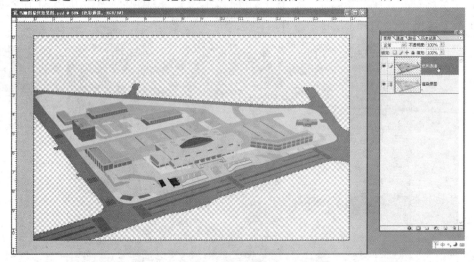

图 15.33

把"色彩通道"图层暂时隐藏起来，以便于观察场景，改变图像画布大小，如图 15.34 所示。

图 15.34

打开"环境背景.psd"文件，并复制至"鸟瞰图最终效果图.psd"作为底层，如图 15.35 所示。

图 15.35

首先把大环境处理好，利用"色彩通道"图层把草地的范围确定，并换上新的草地，如图 15.36 所示。

图 15.36

建筑物在草地上的投影被遮挡住了，需要把它做出来，如图 15.37 所示。

把"草地"图层隐藏，沿着投影的位置选择出来，如图 15.38 所示。

图 15.37

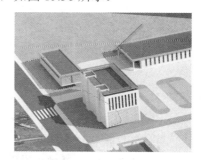

图 15.38

把这些选择区的位置在"草地"图层之上新建一个"草地投影"图层，并用曲线工具调整颜色，如图 15.39 所示。

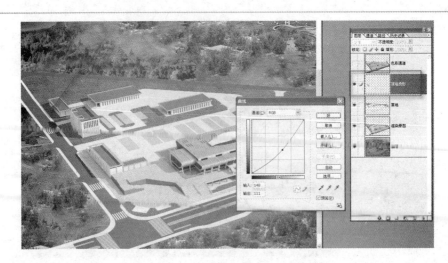

图 15.39

其他诸如路灯、汽车、人、灌木等一一添加上去，注意各物体的位置和大小，如图 15.40 所示。

图 15.40

添加一个简便调整图层，自上至下从白到透明，使总体画面产生出雾气效果，如图 15.41 所示。

图 15.41

新建一图层，用白色调整不透明度，绘制出雾气效果，如图 15.42 所示。

图 15.42

整体感觉有点偏灰，再添加一"亮度/对比度调整"图层，把对比度加大，完成整个画面。

本 章 小 结

通过本章实例的学习，读者应该对建筑鸟瞰效果图的制作有了一个比较详细的了解，其制作步骤大致可以分成以下几步：建模——合理选择视角——设置照明环境——设置材质参数——渲染出图——后期配景——光影关系调整。为了提高制作效率，建议读者养成给模型和材质命名的习惯，以便于后期对模型和材质进行快速选择调整。

习 题

简述题

1. 简述建筑鸟瞰效果图制作的一般方法。
2. 在场景中配景时应该注意哪些问题？

参 考 文 献

[1] 赵阳，蔺博. Autodesk 建筑可视化设计师标准培训教材[M]. 北京：人民邮电出版社，2007.

[2] 丁文涛，杨建军. 3ds max 室内外效果图制作[M]. 南京：南京大学出版社，2010.

[3] 覃海川. 3ds max 建筑视觉表现使用教程[M]. 北京：清华大学出版社，2007.

[4] 火星时代. 3ds max&VRay 室内渲染火星课堂[M]. 北京：人民邮电出版社，2009.